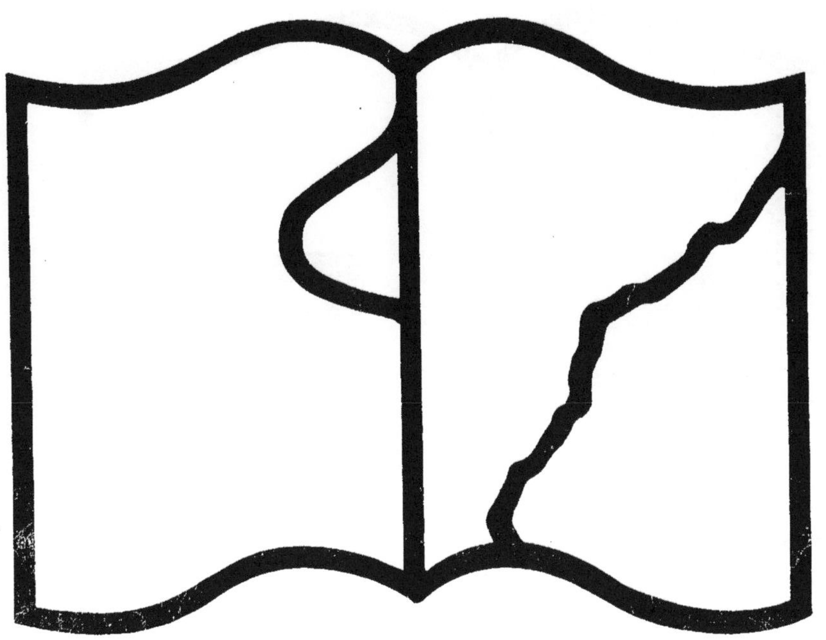

Texte détérioré — reliure défectueuse

NF Z 43-120-11

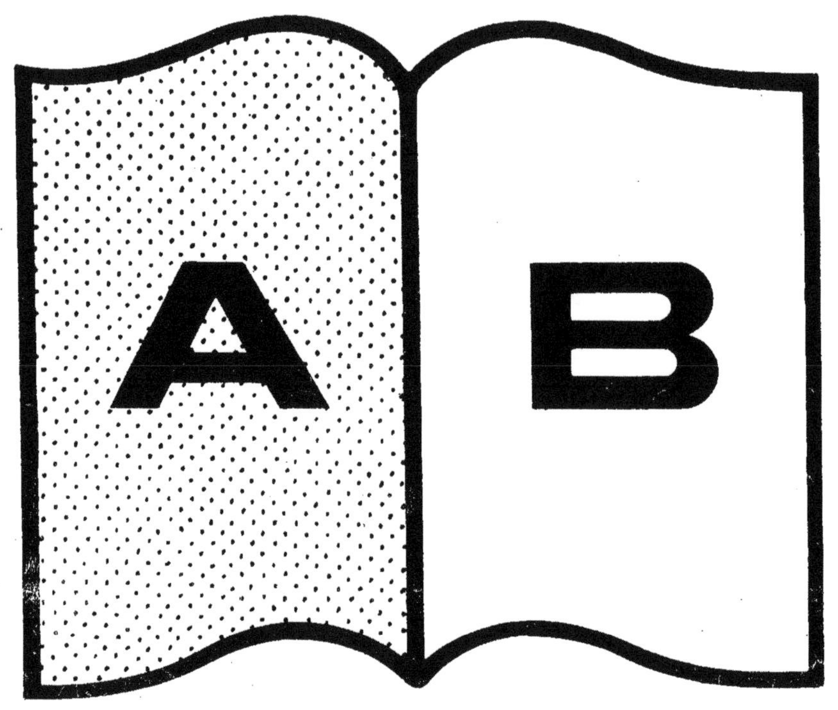
A
B

ENCYCLOPÉDIE-RORET

DRAINAGE

SIMPLIFIÉ.

EN VENTE A LA MÊME LIBRAIRIE :

MANUEL D'AGRICULTURE ÉLÉMENTAIRE, à l'usage des écoles primaires et des écoles d'agriculture, par M. V. RENDU. (*Ouvrage autorisé par l'Université.*) 1 vol. . . . . 1 fr. 25

— FERMIER, ou l'Agriculture simplifiée et mise à la portée de tout le monde, par M. DE LÉPINOIS. 1 vol. . . . . 2 fr. 50

— CULTIVATEUR FRANÇAIS, ou l'Art de bien cultiver les Terres et d'en retirer un grand profit, par M. THIÉBAUT de BERNAUD. 2 vol. ornés de figures. . . . . 5 fr.

— ASSOLEMENTS, JACHÈRE ET SUCCESSION DES CULTURES, par M. Victor YVART, de l'Institut, avec des notes par M. Victor RENDU, inspecteur de l'agriculture. 3 vol. . . . . 10 fr. 50

LE MÊME OUVRAGE. 1 vol. in-4. . . . . 12 fr.

— IRRIGATIONS ET ASSAINISSEMENT DES TERRES, ou Traité de l'emploi des Eaux en agriculture, par M. le marquis DE PARETO, 4 vol. ornés d'un Atlas composé de 40 planches. . . 18 fr

— CHIMIE AGRICOLE, par MM. DAVY et VERGNAUD. 1 vol. orné de figures. . . . . 3 fr. 50

— PHYSIOLOGIE VÉGÉTALE, Physique, Chimie et Minéralogie appliquées à la culture, par M. BOITARD. 1 vol. orné de planches. . . . . 3 fr.

— FABRICATION ET APPLICATION DES ENGRAIS animaux, végétaux et minéraux, par MM. EUGÈNE et HENRI LANDRIN. 1 vol. orné de figures. . . . . 2 fr. 50

NOUVEAU COURS COMPLET D'AGRICULTURE DU XIXe SIÈCLE, contenant la grande et la petite culture, l'économie rurale domestique, la médecine vétérinaire, etc., par les Membres de la section d'Agriculture de l'Institut de France, etc. Nouvelle édition revue, corrigée et augmentée. 16 vol. in-8 de près de 600 pages chacun, ornés de planches en taille-douce. AU LIEU DE 120 fr. . . 32 fr.

ENCYCLOPÉDIE DU CULTIVATEUR, ou Cours complet et simplifié d'agriculture, d'économie rurale et domestique, par M. Louis DUBOIS. 2e édition, 9 vol. in-12 ornés de gravures. . . . . 90 fr.

Le tome 9 se vend séparément. . . . . 4 fr.

Cet ouvrage, très-simplifié, est indispensable aux personnes qui ne voudraient pas acquérir le grand ouvrage intitulé : Cours d'agriculture du XIXe siècle.

MANUELS-RORET

PETIT MANUEL SIMPLIFIÉ

DU

DRAINAGE

MIS A LA PORTÉE DES CAMPAGNES

PAR

M. L.-F. DE LA HODDE,
FABRICANT DE TUYAUX DE DRAINAGE.

NOUVELLE ÉDITION
AUGMENTÉE
DE LA

LÉGISLATION RELATIVE AU DRAINAGE

PARIS
LIBRAIRIE ENCYCLOPÉDIQUE DE RORET,
RUE HAUTEFEUILLE, 12.
1863

AVIS.

Le mérite des ouvrages de l'**Encyclopédie-Roret** leur a valu les honneurs de la traduction, de l'imitation et de la contrefaçon. Pour distinguer ce volume, il porte la signature de l'Editeur, qui se réserve le droit de le faire traduire dans toutes les langues, et de poursuivre, en vertu des lois, décrets et traités internationaux, toutes contrefaçons et toutes traductions faites au mépris de ses droits.

Le dépôt légal de ce Manuel a été fait dans le cours du mois d'août 1863, et toutes les formalités prescrites par les traités ont été remplies dans les divers États avec lesquels la France a conclu des conventions littéraires.

Roret

AVANT-PROPOS.

Ce petit Traité est fait pour les ouvriers draineurs, et particulièrement pour les cultivateurs. On y cherche à leur enseigner la manière d'exécuter le desséchement de leurs terres le plus sûrement et plus économiquement possible, et à leur présenter le détail du travail, avec les observations nécessaires, le tout appuyé sur l'expérience et le raisonnement.

Le grand tort des cultivateurs est de ne point se mettre en mesure de faire eux-mêmes, ou au moins de pouvoir diriger le drainage de leurs champs, et de s'en rapporter à des sociétés d'ouvriers, plus ou moins capables, plus ou moins consciencieux, et même à des ingénieurs plus forts en théorie qu'en pratique, et ordinairement peu avares de l'argent des autres : on est trompé par un ouvrier. ou entraîné à de grandes dépenses par un homme de l'art; cela décourage, et on abandonne la partie.

Si un cultivateur ouvre un livre qui traite du drainage, espérant y trouver le moyen d'éviter ces inconvénients, il tombe tout d'abord sur des dissertations remplies de termes de science auxquels il ne comprend rien ; il voit des théoriciens qui se donnent beaucoup de mal pour lui expliquer ce que c'est qu'une terre humide, et le grand bienfait qui résulte pour cette terre du desséchement. Ce n'est pas là ce qu'il demande. Il n'exige pas davantage qu'on entre dans une foule de détails qui l'embrouillent et qui l'épouvantent. Il désire, si c'est possible, obtenir un procédé simple, clair, économique, d'opérer son desséchement. Ses terres humides, il sait où elles sont; et quant au tort que lui font les eaux croupissantes, il est payé pour le connaître.

Quand il voit de très-gros livres écrits pour enseigner la manière de creuser un fossé et d'y placer un conduit en tuyaux de terre cuite, il lève les bras au ciel; il faut donc que cette opération, qu'il croyait si simple, soit bien extraordinaire ; et quand il s'imaginait pouvoir drainer lui-même facilement son champ, il se faisait une bien grande illusion. Ces idées viennent naturellement à l'esprit des hommes qui n'ont pas l'habitude des détails inutiles.

Disons qu'à l'égard du drainage, comme de bien d'autres arts, on a écrit des traités autant pour les savants et les gens du monde que pour les hommes de pratique. En outre, ces traités, à l'époque où ils ont paru, trouvaient le drainage plutôt à l'état d'essai qu'à l'état de fonctionnement régulier; il y avait des points indécis, des opinions contradictoires; il fallait exposer, combattre ou approuver les idées ou concilier ces opinions; cela pouvait avoir son utilité; mais c'était trop de détails pour l'homme des champs qui demande, encore une fois, des principes clairs et des moyens d'application simples.

A l'heure qu'il est, l'usage du desséchement par les tuyaux en terre, a été expérimenté, sur une plus ou moins grande échelle, dans toute la France; ce procédé l'emporte de beaucoup sur toutes les méthodes anciennes; il est permis de dire que cela ne fait plus doute pour personne, si ce n'est pour des gens entêtés, ou peu au courant des procédés actuellement en pratique. Sans prétendre que toutes les questions qui se rattachent à ce procédé, sont entièrement résolues, on peut déclarer que les points essentiels sont fixés, et qu'il est possible de formuler en règle les principes du drainage en tuyaux.

Exposés sans commentaires inutiles, et en termes bien compréhensibles, ces principes, je l'espère, n'offriront rien d'effrayant pour personne. On y verra que le drainage, dans le plus grand nombre de cas, est une opération qui n'exige ni génie, ni vastes études, mais un peu d'intelligence et beaucoup de soins. D'un autre côté, la pratique ayant démontré l'inutilité et même le danger de certains moyens compliqués et coûteux, dont l'emploi avait été recommandé dans l'origine, je compte faire plaisir aux cultivateurs en leur annonçant qu'ils peuvent exécuter eux-mêmes, non-seulement de bons drainages, mais aussi du drainage à peu de frais.

PETIT MANUEL SIMPLIFIÉ

DU

DRAINAGE

I.

QUATRE MOTS DE THÉORIE.

Pour produire, les terres ont besoin d'eau, d'air et de chaleur.

Si l'eau est en excès dans un champ, et si cet excès est permanent, l'air et la chaleur n'y pénètrent plus.

Le drainage crée en terre des conduits par lesquels l'excès de l'eau s'écoule.

La pluie tombant sur un champ humide et non drainé, le rend de plus en plus stérile.

L'eau du ciel tombant sur ce même champ, après le drainage, le traverse, y insinue de l'air, de la chaleur, et s'écoule par les conduits, non sans laisser dans la couche végétale la moiteur et les gaz nécessaires.

Ainsi deux grands résultats sont obtenus pour le

sol : il est débarrassé d'un vice capital, et il acquiert l'avantage d'être fécondé par la pluie, sans en être incommodé.

Par la même occasion, les misères sans nombre qui résultent pour le cultivateur d'un champ humide, se changent en bienfaits précieux, tant sous le rapport de la facilité du travail, que de l'abondance des produits.

II.

DRAINEZ TOUS VOS CHAMPS HUMIDES.

Cultivateurs, vous connaissez vos terrains humides ; ce sont les fonds marécageux, les endroits où existent des sources, et en général les terres froides et fortes.

On appelle communément terres froides celles dont la surface est bonne par elle-même et peut absorber l'eau, mais qui, à une faible profondeur, possèdent des bancs soit de glaise, soit de tufs qui retiennent l'humidité, et noient le champ dans les moments pluvieux.

Les terres fortes sont composées en totalité de glaise ou d'argile très-grasse ; elles absorbent l'eau difficilement, mais quand elles sont gorgées, elles restent longtemps humides ; elles ont le double inconvénient d'être beaucoup trop dures dans les sécheresses, et beaucoup trop molles dans les mauvais temps.

Vous comprenez l'utilité du drainage dans tous ces

terrains. Mais quelques-uns de vous pensent que son efficacité ne saurait être bien grande dans les terres fortes, trop compactes, disent-ils, pour permettre aux tuyaux d'attirer l'eau à eux; c'est une erreur que va démontrer le travail opéré dans ces terrains par le drainage.

III.

FONCTIONNEMENT DU DRAINAGE DANS LES TERRES FORTES.

La terre avec laquelle les fossés ont été rebouchés, laisse des vides par où l'eau qui avoisine ces fossés s'insinue et disparaît d'abord. L'été arrive, amenant la sécheresse qui forme des crevasses, lesquelles finissent par s'entre-croiser dans l'intervalle des tranchées et par communiquer partout avec elles. Maintenant, grâce à l'air qui s'introduit dans les tuyaux par les bouches de décharge, surtout dans les temps secs où les conduits sont vides, d'autres crevasses se forment dans le bas, qui se rejoignent avec celles du haut. L'eau qui vient à tomber trouve toutes ces rigoles prêtes à la recevoir; et comme la nature veut qu'elle cherche toujours à se frayer un passage dans les parties inférieures, elle finit par trouver le tuyau dans lequel elle entre et se perd.

Ce travail ne s'opère pas quelquefois la première, ni la seconde année, mais on peut le considérer comme certain. Et lorsque le jeu de ces crevasses est organisé, il fonctionne fort bien, car l'humidité pompée au fur et à mesure par les tuyaux, n'est plus assez forte pour fermer tout-à-fait les fissures de communication.

IV.

ASSUREZ-VOUS DE L'ENDROIT OU VOS EAUX DOIVENT SE PERDRE.

La première opération avant de drainer un champ, est de s'assurer de l'endroit où les eaux doivent se perdre.

Dans les pays accidentés les points de décharge ne sont pas rares. S'il n'en existe pas dans le bas de la pièce, on en est quitte pour chercher à quelque distance un écoulement qu'on trouve presque toujours.

La loi accorde le droit de pousser un drain d'écoulement sur le terrain d'autrui, sans indemnité, à la condition de ne pas faire de dommage; or, on peut toujours profiter du moment où les terres sont libres, pour faire ce travail.

Si le point de décharge n'a qu'une petite profondeur, on examine s'il n'est pas possible de le creuser; il ne faut pas reculer devant cette dépense.

S'il y a impossibilité d'obtenir une profondeur qui dépasse, par exemple, 60 centimètres, ce qui, en règle générale, est insuffisant, on peut néanmoins accepter cette décharge dans un champ ayant de la pente; mais on a soin de tracer les lignes de drains de manière à ce qu'elles soient plus rapprochées et plus nombreuses dans l'endroit où la profondeur fait défaut. L'effet du drainage ne sera peut-être pas parfait dans cet endroit; mais on n'aura pas fait un travail inutile.

Dans le cas où il n'existe qu'un fossé de décharge insuffisant, et où le terrain n'a pas de pente, la difficulté devient sérieuse. Un essai que l'on peut faire alors, c'est de creuser quelques trous pour voir si, à une certaine profondeur, il ne se trouverait pas des couches de terre qui puissent absorber l'eau, soit des sables, soit des graviers, et d'y faire décharger le drainage.

Conseiller aux cultivateurs certains moyens, tels que de creuser des réservoirs, qu'il faudrait ensuite épuiser avec des machines, c'est ce qu'on appelle tuer la bête pour le sang.

Au reste, que les cultivateurs se rassurent : les cas où il y a impossibilité de faire les travaux de desséchement sont fort rares; l'examen leur fera presque toujours trouver le moyen de se débarrasser des eaux du drainage.

V.

CALCULEZ LE NOMBRE DE TUYAUX QUI VOUS SERA NÉCESSAIRE.

Il y a lieu alors de s'occuper des tuyaux : mais, pour n'en pas apporter trop ou trop peu, il faut s'assurer si tout ou partie d'une pièce de terre doit être drainé, et si, en raison du degré d'humidité, les fossés doivent être un peu plus rapprochés ou un peu plus écartés.

Il y a encore une autre question, c'est celle de la quantité de collecteurs dont on aura besoin.

Les collecteurs sont des tuyaux doubles et triples en grosseur des tuyaux ordinaires ou petits tuyaux. Ils servent à former des fossés qui reçoivent, dans les parties les plus basses, les eaux des tuyaux ordinaires qui ont leur pente de ce côté; mais, comme il y a souvent plusieurs pentes dans un terrain de quelque étendue, il faut des collecteurs au bas de chacune d'elles; de sorte qu'on ne peut donner de règles sur la manière de les compter d'avance; tout ce qu'on peut dire, c'est qu'il en faut de cent à cent soixante-quinze par mille petits tuyaux.

Quant à ces derniers, le compte peut s'en faire fort exactement. Dans un champ demandant, par exemple, un écartement de 10 mètres, vous comptez combien vous avez de fossés et combien chaque fossé a de longueur; il vous faut 3 tuyaux et quelque chose pour 1 mètre d'après les dimensions ordinaires; en ajoutant encore quelque chose pour la casse, on arrive à 310 tuyaux pour 100 mètres. Si vous avez 5 fossés à 100 mètres, il vous faut 1,550 petits tuyaux, sans les collecteurs. Cela vous fera environ 3,600 petits tuyaux et de 500 à 600 collecteurs par hectare.

VI.

LA QUALITÉ DES TUYAUX; MOYENS DE LA RECONNAITRE.

Le cultivateur, ayant fait le compte de ses tuyaux, n'a rien de mieux à faire que de s'en approvisionner, car ils doivent être apportés à la pièce avant de commencer le travail. Des circonstances imprévues nécessiteront peut-être leur pose immédiate; les chevaux peuvent alors être occupés ailleurs, sans pouvoir quitter; des pertes et des retards en résulteront.

Qu'il se rende donc chez le fabricant de tuyaux pour traiter du prix, et surtout pour examiner la qualité de la marchandise. S'il n'est pas certain de savoir distinguer une bonne terre d'une mauvaise, une terre bien cuite d'une qui ne l'est pas, il doit emmener avec lui un ami, ou quelque personne qui s'y connaisse, attendu que c'est là un point tout-à-fait essentiel.

Il entendra dire que les terres rouges valent mieux que les blanches, ou les jaunes que les vertes; ce n'est pas à cela qu'il doit s'attacher.

En cassant un tuyau, s'il voit que le grain est gros, terne, mélangé de matières étrangères, et surtout de points blancs qui dépassent la grosseur de la tête d'une épingle, il se dira que la terre est de mauvaise qualité. Si le tuyau sonne sourdement, se laisse rayer facilement par une pointe d'acier, et prend une couleur différente et un son terreux après avoir été trempé dans l'eau, il jugera que la terre est mal cuite. Mais quand la cassure du tuyau montrera un grain fin, vitreux, uniforme, sans points blancs, ou n'offrant que des piquetures presque imperceptibles de cette couleur, il pourra tenir la terre pour bonne. Quand elle rendra un son clair comme celui d'une cloche, offrira une grande dureté, et, après avoir été immergée, ne conservera aucune trace d'humidité et n'aura rien perdu de sa sonorité, il pourra déclarer qu'elle est bien cuite.

Il aura à examiner ensuite si les tuyaux ont les autres qualités de fabrication voulues, s'ils sont droits, ronds, coupés carrément, exempts de rebords à leur embouchure, et d'aspérités dans leur intérieur.

VII.

DE LA GROSSEUR DES TUYAUX.

Il ne faut pas s'imaginer que plus les tuyaux sont gros, plus ils font de bonne besogne; quand ils dépassent les proportions nécessaires, ils coûtent plus cher d'achat et de transport, et ne rendent pas plus de services.

Bien mieux, il a été prouvé que, dans les terres contenant des eaux chargées, terres assez nombreuses, il importe de diminuer autant que possible le diamètre des tuyaux. La raison en est que ces tuyaux, étant plus pleins, évacuent plus facilement les matières étrangères; d'autre part, ils recevront moins d'air, et l'air contribue à faire déposer les eaux sales.

Des drainages exécutés en Angleterre dans des terrains rendant des eaux ferrugineuses, s'obstruaient toujours; on a eu l'idée d'employer des tuyaux d'un centimètre et demi d'ouverture, au lieu de trois à quatre centimètres; ils ont fonctionné très-régulièrement.

Ne craignez pas, dans des terres d'une humidité

ordinaire, que vos tuyaux soient trop petits. Si vous n'avez jamais drainé, allez voir les bouches d'écoulement de vos voisins; elles ne sont jamais pleines. Je parle, bien entendu, des bouches qui écoulent l'eau d'un seul fossé; quant aux collecteurs qui déchargent l'eau de plusieurs drains, leur grosseur doit être en proportion du volume qu'ils ont à évacuer.

Prenez pour règle que des tuyaux de 2 centimètres 1/2 à 3 centimètres d'ouverture sont suffisants quatre-vingt-quinze fois sur cent. Il peut pleuvoir consécutivement pendant plusieurs fois vingt-quatre heures, ils rendront l'eau au fur et à mesure, et ne s'engorgeront pas.

Des collecteurs de 5 à 6 centimètres suffisent en général à recevoir l'eau de deux hectares de terrain; ceux de 7 à 8 centimètres, peuvent écouler celle de trois à quatre hectares.

VIII.

DES MANCHONS ET DES TUYAUX A COLLET OU A EMBOITEMENT.

Les manchons sont des tuyaux courts dans lesquels les petits tuyaux sont emmanchés à leur embouchure, de telle sorte qu'ils ne forment qu'un seul bout dans tout le fossé.

Les tuyaux à collet ont un bout renflé, dans lequel le fin bout du tuyau voisin s'emboîte, ce qui fait que toute la ligne se tient en un seul morceau comme dans le système des drains à manchons.

Toute invention nouvelle a des complications inutiles qu'on finit par reconnaître ; cela s'applique aux deux procédés ci-dessus ; l'expérience a démontré leur inutilité et même leur danger.

Je parle toujours en général. Il y a quelques exceptions que je ferai connaître.

Voici ce que la pratique a constaté à l'égard des tuyaux à manchons et à emboîtements.

Les premiers augmentent la dépense d'un tiers, les seconds d'un sixième.

Ils n'empêchent pas les matières obstruantes de pénétrer dans les conduits, car ces matières peuvent s'y introduire aussi bien par le côté que par le dessus, et il est prouvé que les joints laissés par ces conduits sont souvent plus grands que ceux qui existent entre deux tuyaux simples, coupés carrément, et bien rapprochés ; cela se conçoit : le séchage, la cuisson déforment les manchons et les collets ; on ne peut opérer un ajustement avec de la terre cuite comme avec de la menuiserie.

La bosse que forme le manchon ou le collet, empêche les tuyaux de remplir exactement le fond du fossé ; un espace vide reste au-dessous de chaque pièce ; l'eau y séjourne constamment et finit par creuser des excavations qui font naître le danger qu'on voulait éviter. En outre, cette eau qui séjourne arrête l'écoulement et par là même le dessèchement.

Enfin, l'inconvénient auquel on voulait parer, le dérangement des tuyaux, n'en existe pas moins : ce que l'on craint, ce n'est pas le déplacement d'une pièce, mais d'une partie du conduit; or, un tassement qui se produira par la nature même des terres, ou par les excavations dont je viens de parler, entraînera l'abaissement d'une partie du conduit, malgré les manchons et les collets. Quand les tuyaux resteraient liés ensemble, si leur niveau est rompu, ils ne tarderont pas à recevoir des dépôts qui les boucheront.

Donc, les tuyaux simples sont moins chers et plus sûrs que les tuyaux à manchons et à collets.

IX.

GOUVERNEZ VOTRE TRAVAIL VOUS-MÊME.

C'est surtout dans les travaux de drainage que l'œil du maître est indispensable.

Il existe, dans les campagnes, des ateliers d'ouvriers draineurs, qui viendront vous proposer d'entreprendre vos travaux à forfait. Si vous ne connaissez pas vous-même l'ouvrage, et si vous n'êtes pas décidé à le surveiller de très-près, méfiez-vous de ces travaux à la tâche; votre drainage sera peut-être bien fait, car vous pourrez tomber sur des ouvriers consciencieux et capables; mais il ne faudra pas vous étonner s'il est exécuté tout de travers.

Si vous traitez avec des gens incapables, ils traceront mal les fossés, ne leur donneront pas la pente voulue, laisseront des inégalités au fond; ne placeront pas les conduits assez bas, surtout aux points de décharge, où se trouvent assez souvent des difficultés; enfin, ne sachant pas ce qui est bien ou mal, ils travailleront au hasard. Si vous faites marché avec des hommes peu scrupuleux, ils ne manqueront pas de vous faire tort sur la profondeur, et de tracer l'ouvrage à leur avantage plutôt qu'au vôtre; ils règleront leur pente *à vue de nez*, laisseront des roches au milieu des fossés, poseront les tuyaux dans la vase, ne s'assureront pas de la qualité de chaque pièce avant de la placer, reboucheront des tranchées dont ils n'ont pas vérifié le bon écoulement, chercheront à vous tromper sur le métrage, enfin, trouveront cent moyens de vous rendre dupes, et de vous faire payer fort cher un drainage qui marchera mal, ou ne marchera pas du tout.

Comme le drainage se pratique dans les fermes en temps de morte-saison, faites en sorte d'y occuper vos propres ouvriers. Ne desséchez qu'un demi-hectare, au lieu d'un hectare, s'il le faut. Il vaut mieux faire peu et bien, que beaucoup et mal.

Si vous êtes forcés d'avoir recours à quelque maître draineur, ne l'employez pas avant d'avoir pris des renseignements sur lui auprès des personnes qui l'ont fait travailler. Vous pouvez, pour plus de sûreté, diviser la besogne en deux parties : le creusement du fossé et la pose des tuyaux, vous réservant de rompre le marché avant la pose, si les fossés ne sont pas exécutés selon vos désirs. Tant que les fossés ne sont pas recouverts, on peut corriger le travail; après, on ne peut plus le corriger, il faut le refaire.

X

DES INSTRUMENTS DE DRAINAGE.

Vous verrez dans les gros traités qu'une collection d'outils de drainage coûte de 50 fr. à 200 et 300 fr.

Ne vous occupez pas de ces derniers prix qui s'appliquent à des instruments destinés aux expositions, et qu'achètent quelques riches propriétaires qui peuvent se passer cette fantaisie.

Ne calculez pas non plus sur la somme de 50 fr., qui n'aurait rien d'exagéré cependant pour un maître draineur ou un cultivateur ayant des travaux importants à exécuter.

Comptez sur une dépense de 25 francs décomposée ainsi :

1° Une bêche de 35 à 40 centimètres de long, sur 15 de large. 7 fr.

2° Une seconde bêche, dite de fond, de 32 à 35 centimètres de long sur 12 de large en haut du fer et 5 en bas (fig. 1). 7 fr.

3° Une pelle carrée (fig. 2), aux côtés recourbés, servant à enlever la menue terre laissée par la bêche. 3 fr.

4° Trois curettes (fig. 3), instruments ronds en forme de gouge, un peu recourbés en avant, et emmanchés d'un long manche, dont le draineur se sert pour nettoyer le fond du fossé, et lui donner la forme et la largeur du tuyau. En admettant trois dimensions de tuyaux, 3, 5 et 7 centimètres de creux, c'est-à-dire, sans la terre, les curettes auront 5, 7 et 10 centimètres de largeur; à 2 fr. 50 c. l'une 7 fr. 50

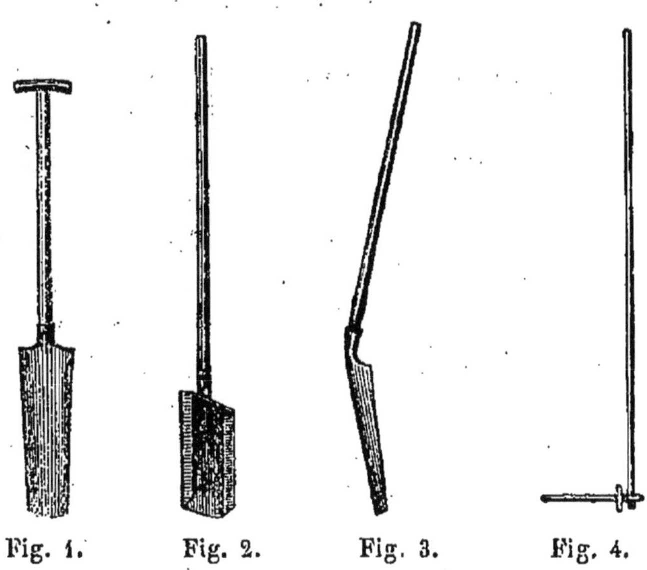

Fig. 1. Fig. 2. Fig. 3. Fig. 4.

Un pose-tuyaux (fig. 4), outil composé d'un manche en bois de 1m.30 de longueur, au bout duquel se trouve une pointe en fer de la grosseur du doigt, de 20 centimètres environ de longueur, formant angle droit avec le manche, et destiné, comme son nom l'indique, à la pose des tuyaux. 50 c.

En tout 25 francs.

Ce dernier outil, à la rigueur, peut se fabriquer tout en bois et ne rien coûter au cultivateur. Somme toute, une somme de 25 fr. suffit à l'achat des instruments indispensables au drainage.

XI.

TRACEZ D'ABORD VOS FOSSÉS COLLECTEURS.

Muni de ses outils, le cultivateur se rend au champ à drainer avec ses ouvriers. Sa première opération est de fixer l'emplacement de son collecteur, d'après le point où les eaux doivent se décharger.

En supposant que ce point soit un fossé raviné, comme il s'en trouve souvent au-dessous des terres en pente, et qu'il puisse y faire écouler chaque petit drain, ce qui lui procurerait l'économie d'un fossé collecteur, il doit réfléchir aux inconvénients que toutes ces bouches peuvent occasionner; aux obstructions dont elles peuvent être l'objet pour différentes causes; aux dégradations qu'elles peuvent subir de la part de l'homme, des bestiaux, et surtout des enfants, presque toujours possédés, comme on le sait, de la manie de la destruction.

A moins que l'endroit ne soit écarté de tout passage, que le ravin ne soit très-profond, ou que la décharge ne soit un étang, un marais, une rivière, etc., n'exposez pas toutes ces bouches aux nombreux périls qui les attendent. Faites recevoir au bas de chaque pente les eaux des petits drains, par un collecteur transversal, qui les rejettera par un petit nombre d'ouvertures.

Il serait préférable, peut-être, de pouvoir inspecter chaque bouche, car on se rendrait compte ainsi du fonctionnement particulier de chaque fossé, tandis que l'examen du collecteur peut bien ne pas accuser un vice qui existerait dans un des petits conduits; mais ce vice, s'il est grave, ne saurait tarder à se trahir par une tache d'humidité qui apparaîtra à la surface, et qui indiquera l'endroit où il se trouve. Tout compte fait, il y a plus de sûreté, et par conséquent d'avantages, à n'avoir que peu de bouches de décharge.

Si le champ à drainer présente plusieurs pentes partant de la même hauteur, examinez si au bas de chacun des versants la pente générale ne se retrouve pas, et alors un seul collecteur tournant autour du champ suffit à recevoir toutes les eaux. Si les niveaux du bas ne se rejoignent pas, il faut un collecteur particulier, et une décharge particulière pour chaque pente.

Si la pièce forme un creux entre deux collines, un seul collecteur placé au fond du vallon, reçoit les lignes de petits drains de chaque côté.

XII.

PEUT-ON DONNER AUTANT DE LONGUEUR QUE L'ON VEUT AUX COLLECTEURS ET AUX DRAINS ORDINAIRES?

Il y a, à cet égard, des règles qui ne sont pas absolues, mais que l'expérience recommande.

Les petits fossés avec une pente ordinaire et un écartement moyen, que je porte à 8 mètres, peuvent être poursuivis jusqu'à une longueur de 150 à 200 mètres.

Il faudrait diminuer cette longueur si la pente était très-petite.

Les collecteurs peuvent avoir un développement de 500 à 600 mètres et même plus, avec une bonne pente, et à condition d'être proportionnés en grosseur au volume d'eau que l'on a reconnu dans la pièce.

Quant aux petits conduits, il peut arriver assez fréquemment que leur pente les porte à plus de 200 mètres, on les soulage alors par un moyen collecteur qui les reçoit vers le milieu du versant et va rejoindre le collecteur du bas, ou quelque décharge plus rapprochée, s'il en existe une; puis, on poursuit les petites lignes dans le même sens jusqu'au bas de la pièce.

Il est entendu qu'alors au lieu d'un grand collecteur de 7 centimètres, par exemple, qui eût été nécessaire pour recevoir toutes les eaux, les deux moyens collecteurs n'auront que 5 centimètres d'ouverture.

XIII.

DES TRACÉS DE PLANS.

Les deux chapitres précédents apprennent à trancher la difficulté qui effraie le plus le cultivateur : la levée d'un plan de drainage. On lui a fait un monstre de cette difficulté : il faut pour la résoudre un ingénieur, un savant; c'est assez pour l'arrêter court.

Je n'ai pas la prétention d'avoir mis, en quelques lignes, le premier venu en état de tracer les drainages les plus difficiles; mais ces drainages ne sont pas la règle pour les neuf dixièmes des cas; tout fermier ou tout ouvrier intelligent se tirera d'affaire, attendu qu'il n'a à reconnaître qu'une chose principale : la pente.

Ce point reconnu, il s'assure de l'endroit le plus bas de la pièce, et y place son collecteur, qu'il choisit plus ou moins gros, selon la longueur qu'il devra parcourir, le nombre des petits drains qu'il recevra et la quantité d'eau que contient la pièce.

Ce cas est le plus simple; il ne suppose qu'une inclinaison. Mais ce qui s'applique à une inclinaison, s'applique à toutes; et le cultivateur connaît fort bien la pente de ses champs. Il n'a, au reste, qu'à se poster un jour de pluie, sur le point le plus élevé de la terre qu'il voudra drainer, il verra bien de quel côté courront les eaux et par où elles s'échapperont : si elles courent en différentes directions, c'est qu'il y a plusieurs pentes; si elles s'échappent par différents points, séparés par des hauteurs, c'est qu'il faut plusieurs décharges.

Il a appris qu'il faut plusieurs collecteurs quand il y a plusieurs pentes, et que ces collecteurs doivent se réunir en un seul, quand la chose est possible.

Il sait que les petits drains n'ont que la pente à suivre; quand la pente change, il changent comme elle. Partir du point le plus haut pour arriver au plus bas est toute leur affaire.

En suivant ces données avec soin, je crois qu'un

drainage peut être aussi bon que s'il était fait sur un plan en règle.

XIV.

EST-IL VRAI QU'IL FAUT FAIRE SUIVRE AUX PETITS DRAINS LE SENS DE LA PLUS GRANDE PENTE?

Cette question, résolue affirmativement par la grande majorité des draineurs, est encore controversée par quelques-uns.

Les premiers appuient leur opinion sur deux motifs principaux : ils disent d'abord qu'il peut arriver dans un terrain fort incliné, et dont les drains auraient un espacement un peu considérable, qu'une nappe d'eau sortant du versant ne soit pas coupée par ces drains; ensuite il leur paraît évident que, dans les fossés en travers, l'eau, qui demande toujours à descendre, part de la tranchée supérieure pour arriver à celle qui est en dessous, et fait ainsi le double de chemin que dans le drainage en long où l'eau, contenue entre deux saignées, se sépare dans le milieu pour se répandre par partie égale dans chacune de ces saignées.

Les partisans du drainage transversal s'imaginent que leur procédé est plus sûr pour couper les nappes d'eau, ce qui est nié par la généralité des draineurs, qui prétendent tout le contraire, comme je viens de le dire. Ils se figurent encore que ce drainage reçoit mieux la pluie, et l'écoule plus facilement; cela se comprendrait si l'eau ne pénétrait en terre qu'à l'endroit des tranchées; mais quand le terrain sera rassis, elle n'entrera pas plus abondamment à la place des tranchées qu'ailleurs.

Que l'on aille un peu de biais dans certains cas où la commodité du travail le demande, cela ne peut pas être bien nuisible, mais la règle veut qu'on évite de creuser les fossés en travers de la pente.

XV.

DE L'ÉCARTEMENT DES FOSSÉS.

Il faudra alors fixer à quelle distance les tranchées devront être placées les unes des autres.

Dans les conditions ordinaires, c'est-à-dire dans un champ de pente moyenne, dont la terre n'est pas trop grasse, ni l'humidité trop considérable, et avec des tuyaux de 2 1/2 à 3 centimètres, que vous pourrez placer à la profondeur voulue, espacez vos fossés de 7 à 8 mètres.

Rapprochez cette distance dans les terres fortes et ne la portez qu'à 5 et 6 mètres.

Faites de même dans les terres très-humides; l'écartement quelquefois n'y doit pas dépasser 4 mètres.

Quand le terrain n'a que peu d'humidité, se laisse pénétrer facilement par l'eau, et offre quelque pente, on peut mettre entre chaque fossé l'espace de 10 à 12 mètres, mais c'est une largeur qu'il ne faut guère dépasser, et encore demande-t-elle, autant que possible, un surcroît de profondeur dans les fossés.

XVI.

OUVREZ VOS TRANCHÉES.

Tous les préparatifs ainsi réglés, tendez votre cordeau sur l'emplacement où doit se trouver votre collecteur, en partant du point de décharge, et commencez l'ouverture de vos fossés, avec la grande bêche.

Tirez un premier appui de 26 à 28 centimètres de largeur, sur la plus grande profondeur possible, et poursuivez-le jusqu'au bout du fossé.

Si la terre, peu ferme par elle-même, ou détrempée par les pluies, tend à glisser dans le fossé, faites votre ouverture de quelques centimètres plus large, afin que le talus soit moins droit; mais exercez-vous à creuser des fossés étroits; ce sera pour vous une grande économie.

Jetez la terre à votre main, d'un seul côté; cela vous fera gagner du temps quand il faudra reboucher la tranchée.

Si vous drainez une prairie, le gazon sera posé d'un côté et les terres de l'autre, car ils ne doivent pas être confondus.

Ne jetez pas vos terres trop loin du fossé, ce qui vous occasionnerait de la gêne pour aller les reprendre, ni trop près du bord, ce qui pourrait donner lieu à des éboulements.

Le premier appui ouvert, nettoyez-le avec la pelle et entamez aussitôt le second.

Au lieu de 26 à 28 centimètres, vous ne donnerez plus à ce second appui que 22 à 23 centimètres de largeur.

Si votre terrain est ferme, le temps beau, et que vous soyiez décidé à poursuivre le travail sans interruption, enlevez le troisième appui, en diminuant encore sa largeur de 5 centimètres.

Ces trois appuis devront donner une profondeur de 90 centimètres environ, n'offrant plus qu'une largeur de 16 à 18 centimètres.

Laissez la tranchée dans cet état, et mettez-vous à creuser tous vos petits fossés, que vous pousserez jusqu'au même point.

XVII.

PROFONDEUR DES DRAINS.

Il faut faire en sorte d'obtenir une profondeur de 1m.10 en moyenne dans chaque fossé.

La pratique montre que cette profondeur sera souvent irrégulière. D'abord, la décharge ne sera pas toujours assez basse pour qu'on puisse l'obtenir; ensuite, les inégalités de terrain la feront varier.

Enfin, certains sols, d'après les idées générales, ne l'exigent pas.

Si la décharge ne permet, par exemple, qu'une profondeur de 70 et même de 60 centimètres dans la partie la plus basse de la pièce, ce qui est trop peu, ayez soin de profiter de la pente que vous avez au-dessus, pour approfondir peu à peu la tranchée jusqu'à ce que vous ayiez le fond voulu. Un coin de votre champ sera insuffisamment desséché, mais le reste sera drainé comme il faut.

Les inégalités de terrain forment un inconvénient qu'on ne peut éviter; mais faites en sorte que le fond du fossé n'ait jamais moins de 90 à 95 centimètres, minimum que demande un drainage convenablement exécuté.

Les terrains qui ne demandent pas des tranchées aussi profondes que les autres, d'après beaucoup de personnes, sont les terres fortes, glaises, marnes, etc. On prétend que l'eau s'y fraiera difficilement un passage, jusqu'à $1^{m}.10$ ou 20 de profondeur.

Cette opinion que j'ai combattue dans le chapitre II de ce livre, est favorisée, je crois, chez le cultivateur ou l'ouvrier draineur, par le travail pénible qu'occasionne le percement de ces terres; c'est une raison pour ne pas faire de besogne inutile, mais ce n'en est pas une pour risquer de compromettre le drainage; si le cultivateur diminue sa profondeur, qu'il la tienne au moins aux environs de 1 mètre, sous peine d'avoir des mécomptes.

XVIII.

LA CAPILLARITÉ. — POINT CAPITAL A REMARQUER.

Tout cours d'eau sous terre fait remonter son humidité jusqu'à une hauteur que l'on peut porter à 45 centimètres en moyenne, c'est ce que l'on appelle la *capillarité*.

Le drainage établissant une série de cours d'eau, il faut calculer qu'au-dessus de chacun d'eux, c'est-à-dire à partir des tuyaux, lorsqu'ils contiennent de l'eau, il existe une tranche de terre humide de 45 centimètres de hauteur, qui est même généralement plus élevée entre les deux drains.

Ce principe doit faire ouvrir les yeux immédiatement aux draineurs.

Ceux qui s'imaginaient faire de bon ouvrage avec 75 centimètres de profondeur, par exemple, vont être fort étonnés d'apprendre que leur drainage, en marchant parfaitement, ne peut leur donner que 30 centimètres de terre sèche à la surface, ce qui est insuffisant pour beaucoup de plantes, dont les racines en s'enfonçant en terre pour trouver la vie, ne trouveront que la mort.

XIX.

SOINS QUE DEMANDE L'ACHÈVEMENT DES TRANCHÉES.

Tous vos fossés étant ouverts à 90 centimètres environ de profondeur, prenez la bêche dite de fond, et enlevez le dernier appui.

Autant que possible, faites ce travail à deux pour qu'il ne languisse pas, car s'il survenait des mauvais temps, il faudrait s'attendre à des dégâts dans les tranchées.

Recommencez par votre maître fossé que vous mettrez à profondeur. Si les tuyaux que vous devez y employer ne sont que des moyens collecteurs, c'est-à-dire de 5 centimètres environ d'ouverture, la largeur dans le fond devra être de 7 centimètres; si ces collecteurs sont de 7 centimètres, la largeur sera de 9 centimètres 1/2 ; cette différence de largeur entre le fossé et le collecteur représente l'épaisseur de la matière des tuyaux.

Aussitôt que le fossé principal sera vidé, l'aide ouvrier entreprendra les petits fossés.

Le chef draineur entrera alors dans une des fonctions les plus délicates du métier, le curage du fond de la tranchée.

Commençant par le haut de la pente, il enlève avec sa curette, qu'il fait glisser devant lui, les débris de terre restés dans le fossé ; il fait ce travail en se tenant sur le bord de la tranchée, car on ne peut plus pénétrer dans son intérieur.

L'opération faite, le fond doit être parfaitement uni, avoir juste la largeur du tuyau qui va s'y emboîter, et posséder une pente plus ou moins considérable selon le terrain, mais assez forte pour que l'écoulement s'opère d'une manière certaine.

XX.

VÉRIFICATION DES FOSSÉS OU L'EAU COULE.

Quand le travail a lieu en automne ou au printemps, comme c'est l'habitude, et comme il est préférable de le faire, il y a de l'eau dans la terre, et elle guide le draineur, dans tout endroit où la pente est prononcée. A mesure qu'il cure le fossé, il voit l'eau prendre son cours vers le bas : c'est une indication qui vaut toutes celles que peut donner la science.

Il n'a alors à s'assurer que de la parfaite régularité de son fond ; ce qui est facile, car les endroits trop hauts barreront l'eau, et les endroits trop bas la conserveront.

Aux endroits où l'eau formera flaque, il y aura un vice à corriger.

Quand le ruisseau courra partout bien également, et que la hauteur de l'eau sera absolument la même, le draineur pourra compter sur le succès de son opération.

Tout homme intelligent qui a de l'eau dans son fossé, jugera au coup-d'œil si son écoulement est bon. C'est pourquoi je répète qu'il faut tâcher de faire les travaux de drainage dans l'arrière-saison, ou au printemps ; c'est, au reste, le moment où les terres sont libres.

XXI.

VÉRIFICATION DES FOSSÉS OU L'EAU NE COULE PAS.

Si vous drainez en été, ou dans certains hivers fort secs, et que l'eau ne coule pas dans vos fossés au moment du curage du fond, ne vous en rapportez pas à votre coup-d'œil, si exercé qu'il soit, pour exécuter une opération qui est la plus importante du drainage.

Songez que le défaut de pente, ou quelquefois une pente à rebours, rendront votre travail nul ; songez encore que des inégalités dans votre fond feront presque toujours amasser des dépôts qui engorgeront votre tuyau et l'empêcheront de fonctionner.

Il faut alors s'assurer de la pente et de la régularité du fond par un moyen quelconque.

J'ai vu des cultivateurs faire apporter sur les lieux une barrique d'eau et la faire écouler dans le fossé après le curage. Si cet essai, que l'on peut tenter, donne un résultat assuré; si l'on a parfaitement reconnu la pente, et s'il n'est resté aucune flaque trahissant des inégalités, on peut passer outre. Mais si l'expérience est douteuse, si le terrain, par exemple, a pompé l'eau presque aussitôt et n'a pas permis de juger bien sûrement, employez quelque procédé de nivellement.

Il s'agit ici de ne pas effrayer le cultivateur, soit par des calculs compliqués, soit par une perte de temps, soit par l'achat d'instruments dispendieux.

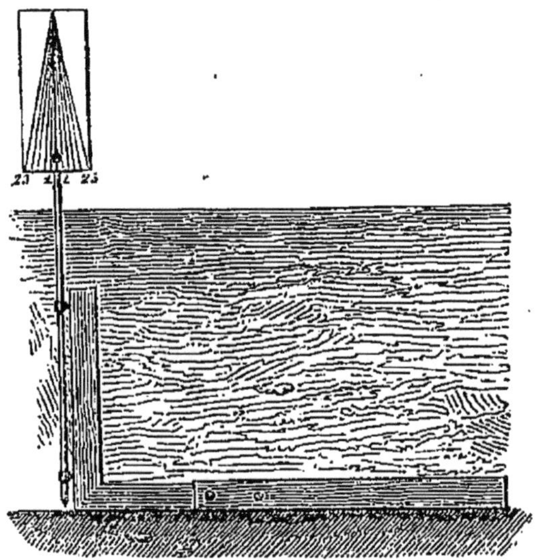

Fig. 5.

Voici la description d'une machine fort simple qui résout, selon moi, la difficulté (fig. 5). Elle fait les calculs elle-même, exécute les opérations instantanément et peut être fabriquée au village pour une dépense de cinq francs au plus.

Prenez une tige en fer carré de 0m.015 de diamètre et de 1m.60 de longueur, la partie inférieure descend dans deux brides existant à la rive, ou bord extérieur, de l'une des branches d'une équerre en bois ayant 0m.75 environ à chaque branche; vous prolongez la branche d'en bas de votre équerre avec une règle ordinaire de maçon que vous vissez contre elle. La partie supérieure de la tige porte une planchette de 50 centimètres de hauteur sur 25 de largeur, sur laquelle on trace d'abord une ligne coupant la hauteur en deux parties égales; divisez ensuite le bas de la planchette en intervalles de 5 millimètres, et tirez de chacun de ces points des lignes aboutissant toutes au haut de celle du milieu. Cela vous donne vingt-trois divisions de chaque côté, divisions que vous marquez par des chiffres au bas de la planchette, le zéro se trouvant sur la ligne du milieu, les deux 1 étant l'un à gauche, l'autre à droite, et ainsi de suite. Au haut de la planchette, et sur le point de jonction de toutes les lignes, vous posez un fil à plomb et votre instrument est au complet.

Vous descendez ce fil dans le fossé, et aussitôt que le bas de l'équerre prolongée a touché le fond, vous voyez le fil à plomb prendre d'abord l'inclinaison de la pente, puis vous indiquer le nombre de centimètres par mètre que contient cette pente; ce nombre sera tout simplement celui que couvrira le fil à plomb sur la planchette.

Ces données sont certaines, et les cultivateurs peuvent les accepter de confiance : ainsi, avec cet instrument, que représente la gravure ci-contre, et dont je crois avoir donné une description assez claire pour qu'il soit possible à chacun de le faire exécuter, il n'y a ni perte de temps, ni calcul, ni difficulté d'aucune espèce, pour reconnaître l'état et le degré exact de la pente.

Maintenant, cet instrument possède un autre avantage : il peut remplacer le niveau d'eau pour les personnes qui voudraient faire des opérations raisonnées. Si nous retirons l'équerre, qui n'est fixée que par un bouton à la tige, il nous reste un niveau perpendiculaire dont le pied, qui a été affilé, peut se

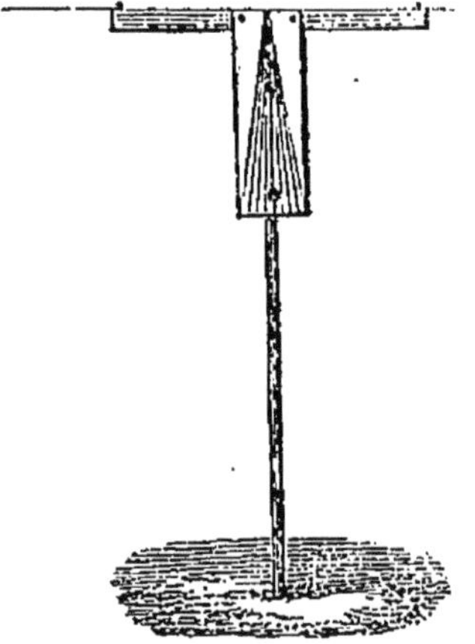

Fig. 6.

ficher en terre et être maintenu dans une position verticale au moyen du fil à plomb (fig. 6). Si nous dévissons alors notre règle de l'équerre, et si nous l'appliquons contre la planchette parallèlement à sa rive supérieure, au moyen de deux pitons, en plaçant pour plus de commodité une mire à chaque extrémité de la règle, nous aurons, comme avec le niveau d'eau, un moyen suffisant pour établir la différence de pente qui existe du bout d'un fossé à l'autre bout. Supposons que cette différence totale représente 4 centimètres au mètre, le draineur, pour être certain de les obtenir, n'a qu'à s'assurer que le fil à plomb de son instrument, complété avec l'équerre et posé dans le fossé, s'arrête sur le n° 4 de la planchette du côté de la pente.

J'appelle toute l'attention des praticiens sur cet instrument qui, par sa simplicité et son économie, me paraît destiné à rendre des services réels.

Il faut rappeler ici que, lorsque la pente est trop faible, il existe un moyen de l'augmenter, pourvu que le point de décharge le permette. Si, au-dessous de cette décharge, par exemple, il reste 30 centimètres de chute, creusez votre fossé de 30 centimètres plus profond dans le bas que dans le haut; votre drainage acquerra ainsi un surcroît de pente qui pourra suffire à lui donner une sûreté qu'il n'avait pas auparavant.

XXII

POSE DES TUYAUX.

Le draineur s'étant assuré que son maître fossé est dans les conditions voulues, l'abandonne, sans le garnir de ses tuyaux, et entreprend les petits fossés.

La pose des gros tuyaux ne se fera qu'en dernier lieu, car les petits, pendant leur curage, rendent des eaux sales, bourbeuses même, qui pourraient obstruer immédiatement le collecteur. Il faut cependant que ce collecteur soit mis à sa profondeur exacte, car tous les petits drains vont avoir à se régler sur lui.

Le draineur donc, laissant la grande curette pour la petite, se met à la suite de l'ouvrier qui enlève le dernier appui des petits fossés.

Aussitôt qu'il en a curé et nivelé un, il commence la pose des tuyaux et la continue dans les autres fossés, au fur et à mesure de leur achèvement.

On conçoit que ces fossés, n'ayant que 5 centimètres de largeur au fond et 26 à 28 au haut, seraient sujets à se combler facilement si on les laissait ouverts pendant quelque temps. Le collecteur fait une exception dont j'ai expliqué le motif.

Les tuyaux qui avaient été déposés au milieu du champ, sont apportés sur une brouette, ou à bras, au bord de la tranchée, et mis en ligne un par un sur toute sa longueur.

Chaque fois que l'eau court dans le fossé, la pose doit commencer par le haut de la pente; de cette façon, le draineur dirige le courant et n'est pas gêné par les eaux sales.

La pose se fait de la manière suivante :

Le draineur bouche d'abord, avec un tampon de terre glaise, l'ouverture du tuyau qui va faire tête de ligne. Si cette ouverture, c'est-à-dire celle qui est au bout du fossé, restait ouverte dans les terres faibles, l'eau délaierait ces terres, et, en les faisant entrer dans le conduit, y occasionnerait des accidents.

Muni de son pose-tuyaux, et à cheval sur la tranchée, le draineur enfile un tuyau, le place au fond et l'assure en deux sens, avec son outil, d'abord par un coup sur l'ouverture, qui le fait joindre avec celui qui le précède, et puis par un coup sur le dessus, qui l'affermit dans le fossé et le met bien exactement au niveau de son voisin.

L'opération de la pose n'a rien de difficile quand le curage a été fait avec soin; le fond du fossé doit alors présenter une rainure dans laquelle le tuyau s'emboîtera exactement et ne craindra pas de dérangement.

Un des devoirs du draineur est de s'assurer que chaque pièce qu'il pose est de bonne qualité; rien ne lui est plus facile, puisque tous les tuyaux lui passent par les mains, et qu'en les assurant avec son outil, il peut reconnaître s'ils sont bons ou mauvais.

XXIII.

POSE DU COLLECTEUR. — RACCORDEMENT DES PETITS TUYAUX AVEC LES GROS.

Tous les petits tuyaux étant posés, le draineur retourne à son maître fossé, dans lequel il passe de nouveau la curette pour enlever les terres qui peuvent y être tombées, ou les matières boueuses que les petits drains peuvent y avoir déposées.

Il entreprend alors la pose de ses tuyaux collecteurs, en commençant aussi par le haut de la pente.

A chaque embranchement de petits fossés qu'il traverse, il marque sur son gros tuyau la place où le raccordement doit se faire; puis retirant ce gros tuyau, et se servant d'un marteau à pointe, il y perce un trou de la largeur du petit drain qu'il doit recevoir.

Avec un peu d'habitude et de précaution, ce trou se pratique facilement.

A l'origine du drainage, les fabricants vendaient des collecteurs où ces ouvertures étaient toutes percées; mais les trous ne se rapportaient presque jamais exactement avec les petits fossés; il fallait opérer le raccordement avec un bout de tuyau, et le travail pour mettre ce bout à la longueur et le tailler carrément, était plus long et plus difficile que pour percer l'ouverture.

Je répète que c'est là une affaire d'habitude et de précaution. Le draineur y passera d'abord un peu plus de temps qu'il ne faut, car la dimension du trou doit être aussi exactement que possible égale à celle du petit tuyau, mais tout le monde arrive à vaincre cette difficulté.

XXIV.

MESURES DE PRÉCAUTIONS A PRENDRE AUX POINTS DE DÉCHARGE.

Le collecteur à son point de décharge, c'est-à-dire

à son extrémité la plus basse, pouvant se boucher, soit par des crues qui font regorger les eaux limoneuses dans son intérieur, soit par des animaux, taupes, grenouilles, rats, etc., qui s'y introduisent, soit par espiéglerie ou malveillance, il est essentiel d'employer quelque moyen pour parer autant que possible à ces inconvénients.

On a proposé des grilles en fer, scellées dans une maçonnerie ou simplement posées en terre.

Au lieu de grilles en métal, qui peuvent devenir assez coûteuses, si les bouches de décharges sont multipliées, comme il arrive dans certains champs, on pourrait commander au fabricant de tuyaux des plaques en terre percées de trous, à travers lesquelles l'eau puisse s'écouler facilement, mais qui soient susceptibles d'arrêter tout corps un peu volumineux. On posera ces plaques entre le dernier et l'avant-dernier tuyau; elles rempliront l'office d'une grille en métal et ne coûteront presque rien.

En plaçant les plaques entre l'avant-dernier et le troisième avant-dernier tuyau, il y aurait plus de sûreté, mais il faut considérer qu'elles devront être inspectées et levées de temps en temps; plus on les mettra avant dans la tranchée, plus il faudra déblayer de terre et passer de temps pour les visiter.

L'établissement d'une petite maçonnerie pour envelopper le dernier tuyau, est une mesure peu coûteuse, et qui ne peut qu'être encouragée; elle tiendra la décharge toujours à découvert et empêchera les plantes de l'obstruer.

XXV.

REBOUCHEZ VOS TRANCHÉES.

Quand vous vous êtes assuré que les petits drains se raccordent bien au collecteur, et que ce dernier porte facilement les eaux à la décharge, il ne vous reste qu'à terminer l'opération par le remblai des fossés.

Ne vous imaginez pas, comme le font souvent les ouvriers aux pièces, de jeter la terre sans choix, comme elle vient, et de remplir la tranchée au plus vite, sans prendre aucune précaution.

Cette dernière partie du travail n'est ni longue ni difficile, mais encore faut-il y mettre le temps et le soin voulus.

Evitez de faire rouler au fond du conduit des mottes de terre trop grosses, surtout si cette terre est grasse, car il faut tasser le premier lit que l'on met sur les tuyaux, et ces mottes de terre, pour se lier, demandent un fort dammage qui serrera trop leur masse et retardera l'effet du drainage. Si, au contraire, ils ne sont pas liés, ils laisseront des vides où l'eau entrera en masse comme dans un entonnoir, et pourra dégrader le conduit.

Jetez sur vos tuyaux une couche de 30 centimètres de terre friable ou en petites mottes, et piétinez-la pour la faire rasseoir, mais sans la tasser fortement.

On peut répéter cette opération à la seconde couche, dans les terres compactes et sujettes à laisser de trop grands vides. Dans les terres douces, qui se rasseoient facilement, cela paraît inutile.

La dernière couche de remblai, c'est-à-dire celle qui arrivera à la surface, demande peu de soins dans les terres à labour; cependant le cultivateur prudent piétinera encore un peu cette couche, quand ce ne serait que pour éviter de laisser des trous où le pied de ses bestiaux pourrait s'enfoncer et qui occasionneraient des accidents.

Dans les prairies, le gazon qui a dû être mis de côté, doit être replacé avec soin; un coup de bêche donné sur chaque motte, à mesure qu'on la remet en place, contribuera à éloigner les accidents dont je viens de parler; en outre, cela aidera à faire reprendre l'herbe en liant le gazon avec la terre qui se trouve au-dessous.

XXVI.

SOINS DE CONSERVATION.

Le cultivateur n'oubliera pas de passer de temps en temps l'inspection de son drainage.

Après chaque crue d'eau, il ira visiter ses bouches pour voir si l'avalaison ne les a pas obstruées, et si son fossé de décharge ne s'est pas comblé de limon.

Il s'assurera que les herbes ou tout autre obstacle, n'arrêtent pas l'écoulement.

Il lèvera sa grille plusieurs fois par an, car des dépôts tendront à se former dans son intérieur, surtout dans les terres qui contiennent des eaux chargées.

Enfin, il examinera si tout l'appareil fonctionne régulièrement.

XXVII.

DES OBSTRUCTIONS A L'INTÉRIEUR. — MOYEN DE LES EMPÊCHER.

Un drainage exécuté dans une terre ordinaire, avec tous les soins qui viennent d'être indiqués, et préservé des causes d'obstruction qui peuvent se trouver à la décharge, a toute chance de bien marcher.

Il peut cependant se boucher à l'intérieur, principalement de deux manières : par des dépôts ferrugineux, calcaires, etc., qui s'accumulent au point de boucher le drain, et puis par l'introduction de certaines racines qui se développent par l'humidité, et forment une touffe qui emplit le tuyau.

Le cultivateur reconnaîtra que l'un de ces accidents est arrivé, si une tache d'humidité se déclare dans son champ, bien desséché partout ailleurs.

Il ouvrira une tranchée au milieu de cette tache, pour retrouver le conduit, et lèvera les tuyaux jusqu'à ce qu'il ait découvert l'obstacle qui arrête l'écoulement.

Si ce n'est qu'une racine, il l'arrachera, et le mal pourra être guéri d'un coup.

Si c'est un dépôt de matières ferrugineuses ou autres, il y a à craindre l'engorgement d'une certaine quantité de tuyaux; mais il ne faut pas reculer devant un travail de quelques jours pour lever, nettoyer et bien inspecter les pièces en défaut; car le dépôt qui s'est formé une première fois à cet endroit, ne s'y formera probablement plus. Une aspérité dans l'intérieur du drain a pu causer tout le mal; elle a arrêté quelques atômes qui en ont arrêté d'autres, et ont fini par élever une barrière infranchissable.

Aucun travail humain n'est parfait; mais quelle différence entre les anciens systèmes de dessèchement et le nouveau, quant à la simplicité, à l'écomie et la facilité de remédier aux vices de l'appareil! Deux ou trois jours, plus ou moins, suffiront à rétablir le fonctionnement d'un drainage en tuyaux, et un drainage en pierrailles, par exemple, lorsqu'il était dérangé, devenait incurable; on ne pouvait le remettre en état qu'en le défaisant et en le reconstruisant en entier.

XXVIII.

DRAINAGE DES SOURCES ET DES TERRAINS FONDANTS, TOURBEUX, ETC.

Je n'ai parlé jusqu'ici que des terres humides proprement dites; il en est d'autres encore plus gênées par les eaux, et où le drainage présente des difficultés exceptionnelles; ce sont celles qui renferment de fortes sources, qui ont un fond mouvant ou qui contiennent des sables s'écoulant sans cesse lorsqu'ils sont à découvert.

La grande difficulté dans ces terrains est de poser les tuyaux assez solidement pour qu'ils ne se dérangent pas, et assez adroitement et assez vite pour que leur placement soit régulier, malgré les éboulements qui gênent constamment le travail et empêchent les vérifications.

Si le terrain où se trouvent des sources, ou des bouillons, possède une certaine solidité, le travail se fait à la manière ordinaire. Seulement, en arrivant à l'endroit exceptionnellement humide, on établit un réseau de fossés qui prennent toute la source, et l'apportent à un collecteur particulier qui la conduit directement à la décharge.

Si le sol est sablonneux, fondant, et qu'il coule avec l'eau, ce qui arrive, soit dans les véritables sources, soit au-dessus de certaines couches imperméables, soit dans les terrains tourbeux, le draineur devra employer toute sa science, car il sera devant un des cas les plus épineux du métier.

Poser des tuyaux au milieu d'une eau chargée de sable, et sur un fond mouvant, c'est enfouir inutilement de l'argent dans la terre. Il faut qu'il cherche le moyen d'asseoir son conduit sur une base solide, et qu'il l'empêche de recevoir les matières terreuses.

En fait de moyens absolument sûrs, je dois dire que les praticiens n'en connaissent pas encore, mais il en est qui atteignent plus ou moins le but.

Quelques draineurs se contentent de placer au-dessous et au-dessus des tuyaux une couche de paille que l'on recouvre d'une pelletée de terre grasse. C'est une méthode peu coûteuse, et qui peut réussir si la pose a été bien faite, et si la pente est un peu forte.

D'autres veulent qu'on enferme les tuyaux dans une enveloppe de terre glaise bien pétrie, et qu'on ne permette à l'eau de pénétrer dans le conduit que par filtration; de cette manière ils empêchent, disent-ils, l'introduction du sable. Mais ce procédé est d'une efficacité douteuse. De deux choses l'une : ou l'eau ne s'introduira dans le drain qu'en filtrant à travers cette enveloppe de glaise, et son écoulement, ainsi que le dessèchement de la terre, seront très-longs, et probablement très-imparfaits; ou elle crèvera l'obstacle qu'on lui oppose, et le but que l'on poursuivait sera manqué.

D'après certains praticiens, on peut arriver à un bon résultat en employant deux tuyaux de grosseur différente, emboîtés l'un dans l'autre, à joints croisés. Ce procédé peut avoir l'avantage de tenir le conduit dans une position régulière, mais il n'arrêtera pas l'introduction du sable.

Il existe encore d'autres méthodes plus compliquées et plus coûteuses. L'une consiste à enfermer les tuyaux dans une couche de pierrailles, au-dessus de laquelle on jette de la terre ferme; une autre à lier ces tuyaux dans un boyau continu de fascinages également recouvert de terre grasse. Ces deux procédés, et surtout le dernier, présentent des chances de succès assez grandes; ils entraînent à d'assez grands frais, mais ici le principe d'économie n'est plus de saison. Il faut travailler pour réussir, ou ne pas s'en mêler. D'ailleurs, remarquons que ces moyens extraordinaires ne devront être employés que dans des cas très-rares, et sur une faible étendue de terrain.

Le cultivateur choisira entre ces moyens, en tenant compte des difficultés qu'il aura à vaincre. Mais plutôt que de faire un travail inutile, qu'il fasse le sacrifice du temps et de l'argent nécessaires.

XXIX.

DRAINAGE CONTRE LES ARBRES OU LES HAIES.

Les racines des arbres, attirées par l'humidité, cherchent le conduit du drainage, y pénètrent par un filament qui se grossit, et qui, formant obstacle aux matières plus ou moins abondantes que l'eau charrie, ne tarde pas à produire une obstruction.

Autant que vous le pouvez, évitez de drainer contre les arbres et les haies.

Si vous ne pouvez faire autrement, ne placez pas vos collecteurs dans ces endroits dangereux, car en raison de leur plus grande quantité d'eau, ils peuvent attirer davantage certaines racines, et votre maître fossé en se bouchant arrêterait tout le drainage.

Si la place de ce maître fossé était marquée contre une allée d'arbres, ou une haie, remontez-le de quelques mètres, et faites à sa place un simple fossé avec des tuyaux ordinaires, auxquels vous donnerez une décharge particulière. Le collecteur se trouvera ainsi garanti ; et si le petit fossé se bouche, ce ne sera qu'un faible accident.

J'ai entendu conseiller, pour garantir un collecteur placé à portée des racines, de l'envelopper tout entier de cendrée afin de le rendre impénétrable; mais il faudrait rendre également impénétrables, sur une certaine longueur, tous les petits drains qui le rejoignent; ce serait une opération coûteuse et d'un succès douteux, car ces drains où l'eau ne pourrait pas pénétrer, ne dessècheraient pas la terre.

Quelques draineurs jettent sur les drains à portée des arbres une certaine quantité de fins cailloux, en prétendant que les racines se perdront dans cette couche, sans arriver jusqu'au conduit; ce procédé n'est pas infaillible, mais il ne saurait être mauvais; cependant il ne doit pas faire négliger la précaution d'éloigner les collecteurs des endroits où les racines peuvent les atteindre.

XXX.

PRIX DU DRAINAGE.

Le Boulonnais est, je crois, la contrée de France où les tuyaux se paient au plus bas prix. Les tuyaux ordinaires de 2 1/2 à 3 centimètres d'ouverture n'y coûtent que 15 francs les mille bouts de 30 centim. Le fabricant gagne peu, mais n'est pas en perte à ce prix.

En tenant compte des collecteurs qui se vendent beaucoup plus cher, on peut porter le millier de tuyaux, petits et gros réunis, à 18 francs dans le Boulonnais et à 20 francs dans les contrées voisines.

Il est entendu que je laisse de côté les manchons et les tuyaux à collets, dont l'emploi peut avoir lieu exceptionnellement dans quelques sols, mais dont l'usage est rejeté comme dispendieux et inutile, dans la grande généralité des cas.

Un hectare drainé en entier à 8 mètres d'intervalle entre les tranchées, demandera environ 4,000 tuyaux; soit, pour ce dernier chiffre, 80 francs. La main-d'œuvre, ouverture des tranchées, pose des tuyaux et remblai, convenablement exécutée, coûtera environ 9 francs les 100 mètres, soit pour 4,000 pieds ou 1,333 mètres, 120 francs qui, ajoutés à 80 francs, font une somme de 200 francs, dans laquelle n'est pas compris le charroi des tuyaux; mais le cultivateur, qui fait ce charroi lui-même, le compte pour peu de chose.

Voilà le maximum de la dépense, pour un hectare, dans les pays où le drainage est débarrassé de frais inutiles, et où le prix des tuyaux n'est pas exagéré.

Le but tout pratique de ce petit traité n'exige pas que je m'étende davantage. Malgré la difficulté d'apprendre un art quelconque dans un livre, comme je n'ai parlé que de choses dont les cultivateurs et draineurs ont déjà des notions, il me semble que cet exposé peut suffire à les guider dans leurs travaux de drainage. Je répète que c'est une besogne qui n'exige que du bon sens et des soins; mais il ne faut pas que l'une ou l'autre de ces conditions fasse défaut. Tout propriétaire ou fermier qui draine devra se rendre bien compte de ce qu'il fait, et ne rien faire qui ne soit dans de bonnes conditions,

Beaucoup de drainages que j'ai eus sous les yeux ont été exécutés avec une ignorance ou une négligence déplorables; et ces travaux, mal conditionnés et qui n'ont pas donné de bons résultats, outre qu'ils ont fait perdre beaucoup d'argent, ont refroidi le zèle des cultivateurs pour une des plus merveilleuses et des plus utiles inventions des temps modernes.

En résumé :

Bonne qualité des tuyaux;
Pente convenable;
Grande régularité du fond;
Profondeur d'un mètre au moins;
Ecartement moyen à 8 mètres;
Surveillance des conduits, après leur exécution;

Voilà les principales règles du drainage. Tout le monde peut les comprendre et les mettre en pratique.

LÉGISLATION

RELATIVE AU DRAINAGE.

Depuis le commencement de ce siècle, le gouvernement français s'est occupé très-activement des moyens de faciliter l'exploitation des terres humides, mouillées, tourbeuses, qui sont en général peu propres à la culture; leur donner une valeur que, pendant des siècles, elles n'ont pu acquérir, et enfin d'augmenter ainsi la production des substances alimentaires; mais on ne comprenait pas encore, il y a vingt ans, les procédés les plus économiques et les plus efficaces pour arriver à cet important résultat. Néanmoins, pour faciliter autant qu'il était en son pouvoir l'exécution de ce projet, il pensa qu'il fallait d'abord s'occuper de l'entretien et du curage des canaux et rivières non navigables qui devaient donner un écoulement aux eaux stagnantes d'une certaine étendue de pays et de l'entretien des digues qui y correspondaient et étaient destinées à retenir ces eaux à un certain niveau, pour les empêcher de se déverser sur les fonds voisins. Telle est l'origine de la loi du 14 floréal an II, qu'on trouve dans l'appendice n° I.

Pour assainir et drainer un fond, de même que

pour l'irriguer, on est la plupart du temps obligé de faire écouler ses eaux sur les fonds voisins, et cet écoulement donnait lieu à une foule de contestations qui avaient besoin d'être réglées par la loi. Ce sont les matières de ce genre que régissent les lois du 29 avril 1845 et 11 juillet 1847, sur les irrigations, que nous rapportons dans l'appendice n°s II et III. C'était un premier pas fait vers une mesure générale qui devait embrasser le drainage de toutes les terres humides.

Cependant, la méthode de drainage par des tuyaux en poterie, avait pris, à dater de 1832, un grand développement en Angleterre. L'Etat lui-même s'était associé à ces opérations; il avait fait des prêts aux particuliers, et une législation exceptionnelle réglait tout ce qui était relatif aux opérations et aux avances de fonds, ainsi qu'à leur remboursement.

Le succès obtenu par cette manière de procéder avait éveillé l'attention en Ecosse, en Belgique, en Autriche, et on avait cherché à imiter ce bon exemple. En France, quelques tentatives faites dans cette voie, avaient bien présenté d'heureux résultats, mais c'étaient des efforts isolés qui ne présentaient ni l'ensemble d'une grande opération s'étendant à tout le territoire , ni l'autorité nécessaire pour porter la conviction dans tous les esprits.

Ce fut dans ces circonstances, et vers l'année 1856, que le gouvernement songea sérieusement à encourager et à provoquer les opérations, après y avoir toutefois préludé en consacrant, sur les fonds du service hydraulique et sur les fonds d'encouragement à l'agriculture, des crédits qui n'ont pas été sans importance ni sans résultats avantageux. Les conseils généraux, pénétrés de l'utilité de l'opération, ont doublé au moins chaque année les subventions qui avaient été accordées par l'Etat.

Ces subventions ont permis de distribuer dans tous les départements des machines à fabriquer les tuyaux de drainage, en imposant aux fabricants, là où cela a été possible, l'obligation de livrer ces tuyaux à des prix réduits.

Des spécimens de drainage ont été établis sur un grand nombre de points du territoire.

Des agents spéciaux ont été mis gratuitement à la disposition des particuliers pour les éclairer, les diriger ou les contrôler dans leurs travaux.

Des cours spéciaux de drainage ont été institués à l'école des ponts-et-chaussées, à l'école des mines, dans les fermes-écoles et dans les écoles impériales d'agriculture.

Enfin, la loi est venue réglementer toutes les dispositions utiles relatives au drainage ou que l'expérience qui nous éclairait chaque jour est venue suggérer au législateur.

La première loi sur cet objet est celle du 10 juin 1854, qui donne au propriétaire qui veut assainir son fonds par le drainage ou par tout autre mode d'assèchement, le droit de faire passer ses eaux, moyennant indemnité, sur la propriété voisine, afin de les conduire à un cours d'eau d'évacuation, et au propriétaire traversé, le droit de se servir lui-même, pour l'écoulement de ses propres eaux, et moyennant sa part de dépense, des travaux faits chez lui par son voisin.

Voici le texte de cette loi, qui a été un premier pas dans la législation du drainage.

Loi du 10 juin 1854 sur le libre écoulement des eaux provenant du drainage.

Art. 1er. — Tout propriétaire qui veut assainir son fonds par le drainage ou un autre mode d'assèchement, peut, moyennant une juste et préalable indemnité, en conduire les eaux, souterrainement ou à ciel ouvert, à travers les propriétés qui séparent ce fonds d'un cours d'eau ou de toute autre voie d'écoulement.

Sont exceptés de cette servitude les maisons, cours, jardins, parcs et enclos attenant aux habitations.

Art. 2. — Les propriétaires de fonds voisins ou traversés ont la faculté de se servir des travaux faits en vertu de l'article précédent, pour l'écoulement des eaux de leurs fonds.

Ils supporteront, dans ce cas, 1° une part proportionnelle dans la valeur des travaux dont ils profitent; 2° les dépenses résultant des modifications que l'exercice de cette faculté peut rendre nécessaires; et 3° pour l'avenir, une part contributive dans l'entretien des travaux devenus communs.

Art. 3. — Les associations de propriétaires qui veulent, au moyen de travaux d'ensemble, assainir leurs héritages par le drainage, ou tout autre mode d'assèchement, jouissent des droits et supportent les obligations qui résultent des articles précédents. — Ces associations peuvent, sur leur demande, être constituées, par arrêtés préfectoraux, en syndicats auxquels sont applicables les articles 3 et 4 de la loi du 14 floréal an XI. (Voyez *Appendice* n° I.)

Art. 4. — Les travaux que voudraient exécuter les associations syndicales, les communes ou les départements, pour faciliter le drainage ou tout autre mode d'assèchement, peuvent être déclarés d'utilité publique par décret rendu au conseil d'Etat.

Le règlement des indemnités dues pour expropriation est fait conformément aux paragraphes 2 et suivants de l'article 16 de la loi du 21 mai 1836.

Art. 5. — Les contestations auxquelles peuvent donner lieu l'établissement et l'exercice de la servitude, la fixation du parcours des eaux, l'exécution des travaux de drainage ou d'assèchement, les indemnités et les frais d'entretien, sont portées en premier ressort devant le juge de paix du canton, qui, en prononçant, doit concilier les intérêts de l'opération avec le respect dû à la propriété.

S'il y a lieu à expertise, il pourra n'être nommé qu'un seul expert.

Art. 6. — La destruction totale ou partielle des conduits d'eaux ou fossés évacuateurs est punie des peines portées par l'article 456 du Code pénal. (Voy. *Appendice* n° IV.)

Tout obstacle apporté volontairement au libre écoulement des eaux est puni des peines portées par l'article 457 du même Code.

L'article 463 du Code pénal peut être appliqué. (Voyez *Appendice* n° V.)

Art. 7. — Il n'est aucunement dérogé aux lois qui règlent la police des eaux.

Tous les préfets des départements où des travaux de drainage avaient été exécutés, ayant constaté que cette loi avait produit les meilleurs effets, les mesures essentielles qu'elle prescrit ne parurent plus bientôt suffisantes avec l'essor que les travaux prenaient en France. C'est alors que le gouvernement, prenant en considération la rareté des capitaux dans les campagnes, chercha à résoudre un double problème.

1° Fournir à l'agriculture une première mise de fonds assez large pour qu'on puisse exécuter des travaux de drainage sérieux et répandus sur tout le territoire.

2° Lorsque le drainage sera suffisamment connu et apprécié par les premières opérations, et lorsqu'il aura convaincu tout le monde de ses bons effets, attirer les capitaux privés vers ce genre d'améliorations par des garanties de remboursement propres à leur inspirer confiance et à leur donner sécurité.

C'est ce double problème qu'un projet de loi, présenté par le gouvernement au Corps législatif, le 20 mai 1856, a cherché à résoudre. Ce projet, remanié et complété par la commission nommée au sein de ce corps, dans son rapport du 23 juin 1856 et dont M. le comte de Bryas a été le rapporteur, puis discuté avec maturité, a donné lieu enfin à la loi du 17 juillet 1856, qui est divisée en quatre titres et dont nous allons rapporter le texte.

Loi du 17 juillet 1856 sur le drainage.

TITRE PREMIER.

Encouragements donnés par l'État.

Art. 1er. Une somme de 100 millions est affectée à des prêts destinés à faciliter les opérations de drainage.

Un article de la loi de finances fixe, chaque année, le crédit dont le ministre de l'agriculture, du commerce et des travaux publics peut disposer pour cet emploi.

Art. 2. — Les prêts effectués en vertu de la présente loi sont remboursables en vingt-cinq ans, par annuité, comprenant l'amortissement du capital et l'intérêt calculé à 4 pour 100.

L'emprunteur a toujours le droit de se libérer par anticipation, soit en totalité, soit en partie.

Le recouvement des annuités a lieu de la même manière que celui des contributions directes.

TITRE II.

Du privilége sur les terrains drainés et sur leurs récoltes ou revenus.

Art. 3. — Le trésor public a, pour le recouvrement de ses prêts, un privilége qui prend rang immédiatement après celui des contributions publiques, sur les terrains drainés et sur leurs récoltes ou revenus. Néanmoins, les sommes dues pour les semences ou pour les frais de la récolte de l'année, sont payés sur le prix de la récolte avant la créance du trésor public.

Le privilége sur les récoltes ou revenus ne s'exerce que pour l'annuité échue et pour l'annuité courante.

Art. 4. — Pareil privilége est accordé, sur les terrains drainés : 1° aux syndicats pour le recouvrement de la taxe d'entretien et des prêts ou avances faits par eux; 2° aux prêteurs, pour le remboursement des prêts faits à des syndicats; 3° aux entrepreneurs, pour le paiement du montant des travaux de drainage par eux exécutés, en se conformant aux dispositions du paragraphe 5 de l'article 2103 du Code Napoléon. (Voyez l'*Appendice* n° VI.)

Les syndicats ont, en outre, pour la taxe d'entretien, le privilége sur les récoltes ou revenus, tel qu'il est établi par l'article précédent. Ce privilége ne s'exerce que pour la taxe de cet immeuble dans la dette commune.

Art. 5. — Toute personne ayant une créance privilégiée ou hypothécaire antérieure au privilége acquis en vertu de la présente loi, a le droit, à l'époque de l'aliénation de l'immeuble, de faire réduire ce privilége à la plus-value existant à cette époque et résultant des travaux de drainage.

TITRE III.

Du mode de conservation du privilège.

ART. 6. — Le trésor public, les syndicats, les prêteurs et les entrepreneurs n'acquièrent le privilége que sous la condition d'avoir préalablement fait dresser un procès-verbal, à l'effet de constater l'état de chacun des terrains à drainer relativement aux travaux de drainage projetés, d'en déterminer le périmètre et d'en estimer la valeur actuelle d'après les produits.

Lorsqu'il s'agit d'un prêt demandé au trésor public, le procès-verbal est dressé par un ingénieur ou un homme de l'art commis par le préfet, assisté d'un expert désigné par le juge de paix ; s'il y a désaccord entre l'ingénieur et l'expert, celui-ci fait consigner ses observations dans le procès-verbal.

Dans les autres cas, le procès-verbal est dressé par le juge de paix, qui peut se faire assister d'un expert.

Les entrepreneurs qui ont exécuté des travaux pour des propriétaires non constitués en syndicat doivent, de plus, faire vérifier la valeur de leurs travaux, dans les deux mois de leur exécution, par le juge de paix, qui peut se faire assister d'un expert. Le montant du privilége ne peut pas excéder la valeur constatée par ce second procès-verbal.

ART. 7. — Le privilége accordé par la présente loi sur les terrains drainés, se conserve par une inscription prise, pour le trésor public et pour les prêteurs, dans les deux mois de l'acte de prêt; pour les syndicats, dans les deux mois de l'arrêté qui les constitue; pour les entrepreneurs, dans les deux mois du procès-verbal prescrit par le premier paragraphe de l'article 6.

L'inscription contient, dans tous les cas, un extrait sommaire de ce procès-verbal.

Lorsqu'il y a lieu à vérification des travaux, en exécution du quatrième paragraphe de l'article 6, il est fait mention, en marge de l'inscription, du procès-verbal de cette vérification dans les deux mois de sa date.

Art. 8. — L'acte de prêt consenti au profit d'un syndicat, répartit provisoirement la dette entre les immeubles compris dans le périmètre du syndicat, proportionnellement à la part que chacun de ses immeubles doit supporter dans la dépense, et l'inscription est prise d'après cette répartition provisoire.

Pour les avances d'un syndicat, l'inscription est également prise d'après une répartition provisoire faite comme il est dit au paragraphe précédent, par les soins d'un syndicat.

Si la répartition provisoire est rectifiée ultérieurement par l'effet des recours ouverts aux propriétaires en vertu de l'article 4 de la loi du 14 floréal an XI (voir l'*Appendice* n° I), il est fait mention de cette rectification en marge des inscriptions, à la diligence du syndicat, dans les deux mois de la date où la répartition nouvelle est devenue définitive; le privilége s'exerce conformément à cette dernière répartition.

TITRE IV.

Dispositions générales.

Art. 9. — Si une opération de drainage aggrave les dépenses d'un cours d'eau réglées par la loi du 14 floréal an XI (*Appendice* n° 1), les terrains drainés sont compris dans les propriétés intéressées, et imposés conformément à cette loi.

Art. 10. — Un règlement d'administration publique détermine les conditions et les formes des prêts faits par le trésor public, les mesures propres à assurer l'emploi des fonds provenant de ces prêts à l'exécution des travaux de drainage, les formes de la surveillance de l'administration sur l'exécution et l'entretien des travaux de drainage effectués avec les prêts faits par le trésor public, et en général, toutes les mesures nécessaires à l'exécution de la présente loi.

Cette loi était d'une exécution difficile, sous le point de vue financier; aussi resta-t-elle pendant un certain temps à l'état de lettre morte. L'Etat, en effet, ne pouvait pas lui-même ouvrir des crédits aux particuliers et faire descendre ainsi sa comptabilité à une infinité de détails qui auraient pu nuire aux autres services du trésor public.

Il n'y avait guère qu'une compagnie financière, organisée pour opérer des prêts à longs termes et basée sur des principes d'une comptabilité en rapport avec ces sortes d'opérations, qui pût se charger de réaliser pour les propriétaires, les fermiers ou ses syndicats, les avantages que leur offrait la loi du 17 juillet 1856. Après une étude approfondie de la question, le gouvernement crut que le Crédit foncier de France présentait toutes les conditions et les garanties nécessaires pour mettre à exécution les mesures prescrites par cette loi, et, le 28 avril 1858, il est intervenu entre le ministre des finances, le ministre de l'agriculture, du commerce et des travaux publics et le gouverneur du Crédit foncier, une convention qui substitue cette dernière compagnie au gouvernement et la charge de faire les prêts ordonnés par la loi du 17 juillet 1856. Voici l'énoncé de cette convention.

Ministère de l'Agriculture, du Commerce et des Travaux publics.

Convention entre les ministres des finances, et de l'agriculture, du commerce et des travaux publics d'une part, et la Société du crédit foncier d'autre part.

L'an 1858, et le 28 avril :

Entre le ministre des finances et le ministre de l'agriculture, du commerce et des travaux publics, agissant au nom de l'Etat, sous la réserve de l'approbation des présentes par décrets de l'Empereur et par la loi, en ce qui concerne les clauses financières,

D'une part ;

Et la société du Crédit foncier de France, réprésentée par M. Louis Frémy, conseiller d'état en service extraordinaire, gouverneur de ladite Société, élisant domicile au siége de cette Société, à Paris, rue des Capucines, n° 19, et agissant en vertu des pouvoirs qui lui ont été conférés par délibération de l'assemblée générale des actionnaires, en date du 28 avril 1858,

D'autre part;

Il a été dit et convenu ce qui suit :

Art. 1. Le Crédit foncier de France est chargé des prêts à faire en vertu de l'art. 1er de la loi du 17 juillet 1856 sur le drainage.

Ces prêts auront lieu dans les conditions déterminées par ladite loi.

Art. 2. Pour la garantie des prêts et le recouvrement des annuités, le Crédit foncier de France sera subrogé, par la loi qui interviendra à l'effet de ratifier la présente convention, aux droits et privilèges accordés au trésor public par le troisième paragraphe de l'article 2 et par les articles 3 et 6 de la loi sur le drainage, sans préjudice de toutes autres voies d'exécution.

Le Crédit foncier de France jouira, en outre, en vertu d'une disposition législative, des droits et immunités qui lui sont attribués par le titre IV du décret du 28 février 1852, modifié, conformément à l'art. 1er de la loi du 10 juin 1853, par l'art. 47 du même décret, et par les articles 4, 6 et 7 de la loi précitée du 10 juin 1853.

Art. 3. Le ministre de l'agriculture, du commerce

et des travaux publics transmet à la société du Crédit foncier les demandes de prêts.

Si le Crédit foncier juge que les garanties offertes par les demandeurs sont suffisantes, le ministre autorise le prêt. Ce prêt est fait sous la responsabilité et aux risques et périls du Crédit foncier.

Art. 4. Indépendamment du privilège résultant de la loi du 17 juillet 1856, le Crédit foncier peut exiger que l'emprunteur lui confère une hypothèque, s'il reconnaît la nécessité de ce supplément de garantie.

Art. 5. Le Crédit foncier de France est autorisé à contracter avec la garantie du trésor, des emprunts successifs sous forme d'obligations, dites *obligations de drainage*, qui pourront être émises même au-dessous du pair et qui seront remboursables au pair.

Ces émissions auront lieu jusqu'à concurrence de la somme nécessaire pour produire un capital de 100 millions. Ce capital sera exclusivement consacré aux prêts destinés à favoriser les opérations du drainage, en vertu de l'art. 1 de la loi du 17 juillet 1856.

L'émission des obligations ne pourra être faite qu'en vertu d'une autorisation des ministres de l'agriculture, du commerce, des travaux publics et des finances, qui détermineront chaque année, l'importance et l'époque de l'émission, le taux et les autres conditions de négociations.

Des obligations ainsi émises devront être remboursées dans un délai de 25 ans au plus tard, à partir de la création des titres.

Chaque année le nombre des obligations à rembourser sera déterminé par le ministre des finances, qui pourra s'il le juge convenable, accélérer la marche régulière de l'amortissement, en remboursements effectués par les emprunteurs.

Art. 6. Il sera payé par le trésor, au Crédit foncier de France, une commission de 45 centimes par 100 francs et par années, sur le capital de chaque somme prêtée pour le couvrir, tant des risques mis à sa charge que des frais généraux relatifs au service qui lui est confié.

Cette commission sera réduite à 35 centimes dans le cas prévu par l'article 4, où le crédit foncier aurait exigé une hypothèque.

Si les obligations de drainage ne pouvaient être négociées au pair qu'à un taux d'intérêt supérieur à celui de 4 pour 100 pour les emprunteurs, ou si elles ne pouvaient être négociées qu'au dessous du pair, l'excédant de dépense qui résulterait, soit de la différence d'intérêt, soit du montant de la prime, sera supporté par le trésor, déduction faite des bénéfices que le Crédit foncier aurait pu retirer des négociations d'obligations au-dessous du pair.

Cet excédant de dépenses sera constaté par le compte des obligations émises et des prêts réalisés tenu par le Crédit foncier de France.

Ce compte sera réglé tous les 6 mois.

Les fonds provenant soit de la négociation des obligations, soit du paiement des annuités et intérêts dus pour cause de retard, soit enfin des remboursements anticipés, seront déposés en compte courant au trésor.

Il ne sera payé pour ce dépôt d'autre intérêt, au Crédit foncier, que celui qu'il payera lui-même au porteur de ses obligations, depuis le jour du versement au trésor, des fonds provenant de leurs négociations jusqu'au jour de leur emploi ou jour du drainage.

Art. 7. La présente convention sera soumise à l'assemblée générale des actionnaires du Crédit foncier de France.

Elle ne sera définitive qu'après avoir été approuvée par un décret de l'Empereur et par une loi, en ce qui concerne les engagements du trésor.

Fait à Paris, les jour, mois et an que dessus.

Le dernier paragraphe annonce que la convention ci-dessus ne sera définitive qu'après avoir été approuvée par un décret de l'Empereur et par une loi, en ce qui concerne les intérêts du trésor. Cette loi, qui a été promulguée le 28 mai 1858, est formulée ainsi qu'il suit :

Loi du 28 *mai* 1858, *qui substitue la société de Crédit foncier de France à l'Etat, pour les prêts à faire, jusqu'à concurrence de* 100 *millions, en vertu de la loi du* 17 *juillet* 1858, *sur le drainage.*

Art. 1. Le Crédit foncier de France est autorisé à faire les prêts prévus par l'article 1er de la loi du 17 juillet 1856, sur le drainage, dans les conditions déterminées par ladite loi.

Art. 2. La société du Crédit foncier de France est subrogée aux droits et privilèges accordés au trésor public par le troisième paragraphe de l'art. 2, et par les art. 3 et 6 de la loi du 17 juillet 1856, sans préjudice de tout autre voie d'exécution.

Art. 3. Les droits et immunités attribués au Crédit foncier de France par le titre IV du décret du 28 février 1852, modifié conformément à l'art. 1er de la loi du 10 juin 1853, par l'art. 47 du même décret et par les art. 4, 6, 7 de la loi précitée du 10 juin 1853, sont déclarés applicables aux prêts effectués par le Crédit foncier de France, en exécution de la loi du 17 juillet 1856.

Les annuités dues par les emprunteurs sont affectées, par le privilège, au remboursement des obligations du drainage.

Art. 4. Sont approuvés les art. 5 et 6 de la convention passée entre le ministre des finances, le ministre de l'agriculture, du commerce et des travaux publics, agissant au nom de l'Etat, d'une part, et la société du Crédit foncier de France, représentée par son gouverneur, d'autre part, les articles relatifs aux engagements mis à la charge du trésor par ladite convention.

Art. 5. Un article de la loi de finances fixe chaque année la somme des obligations qui pourront être émises. Cette somme pour 1851 et 1859, ne pourra dépasser 10 millions.

Quant au décret impérial qui devait rendre définitive la convention du 28 avril 1858, faite entre le ministre des finances, le ministre de l'agriculture, du commerce et des travaux publics et le gouverneur du Crédit foncier, il porte la date du 28 septembre 1858, et est ainsi conçu.

Décret impérial du 28 *septembre* 1858, *qui approuve la convention passée, le* 28 *avril* 1858, *avec la société du Crédit foncier de France pour les prêts à faire en faveur du drainage.*

Article unique. Est et demeure approuvée la convention passée, le 28 avril 1858, entre nos ministres secrétaires d'état aux départements des finances, et de l'agriculture, du commerce et des travaux publics, d'une part, et la société du Crédit foncier de France représentée par M. *Louis Frémy*, conseiller d'état en service extraordinaire, d'autre part, et dont l'objet est de charger ladite société des prêts à faire pour le drainage.

Ladite convention restera annexée au présent décret.

Restait à déterminer par un réglement d'administration publique, les formalités nécessaires pour l'exécution des lois des 17 juillet 1856 et 28 mai de la même année. Or, un décret, en date du 23 septembre 1858, a déterminé tous les détails à l'exécution des prêts à faire par le Crédit foncier pour favoriser les opérations du drainage. Voici ce décret, dont il sera facile d'apprécier les dispositions libérales en même temps qu'on remarquera que tout y est combiné pour accélérer les formalités et prévenir les lenteurs qu'on reproche parfois à l'administration.

Décret impérial du 23 septembre, portant règlement d'administration publique pour l'exécution des lois des 17 juillet 1856 et 28 mai 1858, en ce qui touche les prêts destinés à faciliter les opérations de drainage.

TITRE PREMIER.

Forme et instruction des demandes de prêts.

ART. 1er. — Tout propriétaire qui veut obtenir un prêt par application des lois des 17 juillet 1856 et 28 mai 1858 adresse sa demande au ministre de l'agriculture, du commerce et des travaux publics.

Cette demande énonce :

1° La somme qu'il veut emprunter, et, s'il y a lieu, celle pour laquelle il entend concourir à la dépense ;

2° Les noms et prénoms des fermiers ou colons partiaires.

Il y est joint un extrait de la matrice et du plan cadastral, avec indication de la situation et de l'étendue des terrains à drainer.

ART. 2. — Les demandes de prêts, avec les pièces à l'appui, sont soumises à une commission formée près du ministère de l'agriculture, du commerce et des travaux publics, sous le titre de *Commission supérieure de drainage.*

Les membres de cette commission sont nommés par le ministre.

Art. 3. — Après délibération de la commission, la demande de prêt est renvoyée, s'il y a lieu, à l'ingénieur chargé du service hydraulique dans le département de la situation des biens. Dans la quinzaine qui suit l'envoi, l'ingénieur visite les terrains à drainer, procède aux opérations et vérifications nécessaires, pour apprécier l'utilité de l'entreprise projetée, et donne son avis sur l'admissibilité de la demande de prêt.

Son rapport est adressé au préfet, qui le transmet dans les dix jours, avec ses propositions, au ministre de l'agriculture, du commerce et des travaux publics.

Art. 4. — Le ministre adresse, s'il y a lieu, les pièces à la Société du Crédit foncier de France, afin qu'elle vérifie les titres de propriété et la situation hypothécaire du demandeur.

Si la Société juge que les garanties offertes par le demandeur sont suffisantes, le ministre statue, après avis de la commission supérieure.

L'arrêté du ministre qui autorise le prêt en détermine les conditions générales, et notamment les délais dans lesquels les travaux devront être commencés et achevés.

Art. 5. — Si la demande de prêt est formée par un syndicat, cette demande doit contenir, outre les indications prescrites par l'article 1er du présent règlement, la délibération des intéressés, qui donne au syndicat pouvoir de contracter un emprunt soumis aux dispositions des lois des 17 juillet 1856 et 28 mai 1858.

Cette demande est instruite comme il est dit aux articles 2, 3 et 4.

TITRE II.

Conditions des prêts et surveillance de l'administration sur l'exécution et l'entretien des travaux.

Art. 6. — Les fonds prêtés ne peuvent être employés qu'aux travaux de drainage, le Crédit foncier doit s'assurer qu'ils reçoivent leur destination.

Art. 7. — Les travaux sont exécutés par l'emprunteur, sous la surveillance de l'administration.

Le montant du prêt est remis à l'emprunteur par à-compte successifs, aux époques fixées, et proportionnellement au degré d'avancement des travaux, constatés par l'ingénieur chargé de la surveillance, de manière que le solde ne soit versé qu'après leur exécution complète.

Art. 8. — L'ingénieur doit refuser le certificat nécessaire à l'emprunteur pour toucher tout ou partie du prêt, si les travaux sont mal exécutés.

En cas de réclamation contre le refus de l'ingénieur, il est statué par le préfet, qui suspend provisoirement, s'il y a lieu, le paiement des terres de l'emprunt.

Si les travaux sont interrompus sans que l'emprunteur ait remboursé, le préfet peut autoriser la société du Crédit foncier à faire exécuter, en son lieu et place, les travaux nécessaires pour rendre productive la dépense déjà faite, jusqu'à concurrence des sommes à verser pour compléter le prêt. — Le tout sans préjudice des actions à intenter à la société du Crédit foncier devant les tribunaux civils, à raison de l'inexécution du contrat.

Art. 9. — L'entretien des travaux de drainage reste soumis au contrôle du Crédit foncier, jusqu'à l'entière libération de l'emprunteur.

TITRE III.

Dispositions générales.

Art. 10. — Le département de l'agriculture, du commerce et des travaux publics supporte les frais de l'instruction administrative des demandes de prêts et de surveillance de travaux.

Les frais de l'expertise mentionnée dans l'art. 6 de la loi du 17 juillet 1856, ceux de l'acte de prêt, de l'inscription du privilége et de l'hypothèque supplémentaire, dans le cas où elle a été requise; enfin le coût des main-levées et de la quittance sont seuls à la charge de l'emprunteur.

Le montant en est recouvré par le Crédit foncier dans le cas où il en aurait fait l'avance.

Art. 11. — Nos ministres secrétaires d'Etat aux départements de l'agriculture, du commerce et des travaux publics et des finances, sont chargés, chacun en ce qui le concerne, de l'exécution du présent décret.

Formalités à remplir pour obtenir un prêt du Crédit foncier pour le drainage.

Quand on se propose de réaliser un prêt du Crédit foncier, cela suppose que le propriétaire du fonds ou le fermier se sont déjà rendu compte de l'utilité bien constatée de cette opération, des travaux qu'elle exigera, de leur importance, et, approximativement, de la somme qui sera nécessaire pour exécuter ces travaux comme il convient, les amener au point de perfection où ils pourront être reçus, sans délai ou observations, par l'ingénieur du département et fonctionner utilement.

Le demandeur peut, à cet égard, puiser des notions soit dans sa propre expérience, soit en visitant des travaux du même genre exécutés dans son canton, son arrondissement, le département ou autres localités, et, malgré qu'il soit rare de trouver deux cas absolument identiques, arriver cependant à une estimation très-approchée de la valeur de ces travaux.

D'ailleurs, il peut au besoin se faire aider, comme on le verra, dans cette estimation par un ingénieur du département ou par un praticien. Nous recommandons seulement que ce devis préalable soit fait avec soin, parce qu'on accélère ainsi l'examen que fait faire l'administration.

Quand tout est réglé et bien établi, l'emprunteur adresse au ministre de l'agriculture, du commerce et des travaux publics une demande sur une feuille de papier timbré de 50 centimes. Cette demande est rédigée à peu près dans les termes suivants.

Modèle de demande.

Monsieur le Ministre,

Le soussigné (*nom, prénoms, profession et, au besoin, qualités*), demeurant à (*indiquer la demeure du demandeur, le canton, l'arrondissement et le département*) propriétaire de (*indiquer le nom du domaine ou celui du lieu où est situé le terrain ou la parcelle à drainer, le nom vulgaire de ce terrain et dans quel canton ou arrondissement il est situé*) exploité par lui-même, désirant profiter du bénéfice des lois du 17 juillet 1856, relative au prêt pour drainage, et de celle du 28 mai 1858, en ce qui touche les prêts destinés à faciliter les opérations de ce drainage, a l'honneur d'exposer à Votre Excellence les renseignements suivants :

Le domaine (*le terrain ou la parcelle*) que le soussigné a l'intention de soumettre à l'opération du drainage est représenté par le plan cadastral joint à la présente demande sous les numéros (*indiquer ces numéros*).

Suivant l'extrait de la matrice cadastrale ci-annexée (*joindre cette matrice*), la contenance du domaine est de (*indiquer en toutes lettres*) hectares ..... ares ..... centiares.

D'après un devis estimatif, les travaux qu'il s'agira d'exécuter ont été évalués à la somme de (*mentionner cette somme en toutes lettres*).

En conséquence, le soussigné demande que le Crédit foncier soit autorisé à lui faire un prêt de la somme de (*en toutes lettres*).

Le soussigné s'engage de son côté à fournir au Crédit foncier, en temps opportun, ses titres de propriété, sa situation hypothécaire et la justification de son état civil.

Il a l'honneur d'être,

Monsieur le Ministre,

(*la signature*).

Le 18 .

Suscription : A Monsieur le Ministre de l'agriculture, du commerce et des travaux publics.

Envoyer simplement par la poste.

Le ministre adresse cette demande au Crédit foncier, qui charge aussitôt l'ingénieur du département de visiter le domaine ou le terrain qu'il s'agit de drainer.

L'ingénieur rédige son rapport et l'envoie, au bout de quelques semaines, au Crédit foncier, et si toutes les conditions se trouvent réunies, le propriétaire reçoit avis de cette compagnie d'avoir à produire ses pièces. Ces pièces sont les suivantes :

1° Les titres de propriété, en sa personne ou celle de ses auteurs, des biens qu'il offre en garantie.

On doit joindre aux contrats d'acquisition les quittances des prix de vente, les pièces constatant l'accomplissement des formalités de transcription et de purge des hypothèques légales; et si la propriété a été transmise par succession, les pièces établissant les qualités d'héritiers, les actes de partage, les déclarations de succession; enfin une désignation sommaire, article par article, des biens offerts en garantie; l'indication de chaque nature d'immeubles, leur situation, leur contenance, avec les numéros du cadastre des différents articles compris dans cette désignation et, autant que possible, une désignation de propriété sur papier libre, rédigée par le notaire de l'emprunteur;

2° La copie de la matrice cadastrale et du plan cadastral visés et certifiés par le maire de la commune où le domaine est situé ou par le directeur des contributions directes du département;

3° Les baux authentiques ou sous seings privés et enregistrés, ou l'état des locations, s'il en existe, et si le propriétaire n'exploite pas par lui-même, avec l'indication des fermages et loyers payés d'avance.

Il y a parfois utilité à produire des anciens baux, indépendamment de ceux courants;

4° La déclaration des charges qui pèsent sur la propriété;

5° La cote des contributions de l'année courante ou, à son défaut, celle de l'année précédente;

6° La police d'assurance contre l'incendie, s'il y a des bâtiments sur la propriété et si ces bâtiments sont assurés;

7° Enfin un état d'inscription constatant la situation hypothécaire.

Cet état doit être délivré tant sur les emprunteurs que sur leurs auteurs, dans le cas où ceux-ci seraient propriétaires à titre d'héritier ou de légataire, ou en vertu de tout autre titre non sujet à la transcription. Il doit contenir, en ce qui concerne l'immeuble ou les immeubles offerts en garantie : 1° la mention des transcriptions saisies et des dénominations de saisies ou le certificat qu'il n'en existe pas; 2° la mention des transcriptions des ventes ou donations qui auraient été faites par l'emprunteur ou ses auteurs, dénommés dans la réquisition, ou un certificat négatif; 3° la mention des transcriptions de tous les actes de substitutions, conformément aux articles 1069 et 1070 du code Napoléon, ainsi que de tous les autres énoncés dans les articles 1 et 2 de la loi du 25 mars 1855, ou un certificat négatif.

Les pièces ayant été produites et en règle, les formalités du prêt suivent ensuite la marche réglée par le décret impérial du 23 septembre 1858.

Le prêt ne s'effectue que par à-compte, de la part de la compagnie du Crédit foncier, et ces à-comptes ne sont payés au propriétaire qu'à mesure de l'avancement des travaux et sur le vu d'un certificat de l'ingénieur.

Ce prêt est fait en numéraire.

Il est consenti pour une période de 25 ans et remboursable au moyen d'annuités qui comprennent l'intérêt calculé à raison de 4 pour 100 avec amortissement à 2,41 pour 100, au total 6,41 pour 100 par an.

Ainsi qu'on le voit par l'article 2 de la loi du 17 juillet, l'emprunteur a toujours le droit de se libérer par anticipation, en totalité ou en partie.

Enfin, le recouvrement des annuités a lieu de la même manière que celui des contributions directes, c'est-à-dire qu'elles sont versées en même temps que le montant des contributions.

L'époque du paiement des annuités a été fixée par la compagnie du Crédit foncier aux 31 janvier et 31 juillet de chaque année.

M. Hervé-Mangon, ingénieur des ponts-et-chaussées, dans ses *Instructions pratiques sur le drainage*, réunies par ordre du ministre de l'agriculture, du commerce et des travaux publics, a donné dans cet ouvrage un tableau de l'amortissement d'un capital de 100 francs en 25 ans à 4 p. 0/0, que nous reproduisons ici, parce qu'il permet à l'emprunteur de calculer chaque année le montant décroissant de sa dette.

(*Voir le Tableau ci-contre*).

ANNÉES.	VERSEMENTS DES EMPRUNTS.			LIBÉRATION.
	Amortissement.	Intérêt à 4 p. 100.	Total par année.	Capital restant dû.
1	2.40,1197	4.00,0000	6.40,1197	97.59,8803
2	2.49,7245	3.90,3952	6.40,1197	95.10,1558
3	2.59,7135	3.80,4862	6.40,1197	92.50,4423
4	2.70,1020	3.70,0177	6.40,1197	89.80,3403
5	2.80,9061	3.59,2136	6.40,1197	86.99,4342
6	2.92,1423	3.47,9774	6.40,1197	84.07,2919
7	3.03,8280	3.36,2917	6.40,1197	81.03,4639
8	3.15,9811	3.24,1386	6.40,1197	77.87,4828
9	3.28,6201	3.11,4993	6.40,1197	74.58,8624
10	3.41,7652	2.98,3545	6.40,1197	71.17,0972
11	3.55,4358	2.84,6839	6.40,1197	67.61,6614
12	3.69,6532	2.70,4605	6.40,1197	63.92,0082
13	3.84,4394	2.55,6803	6.40,1197	60 07,5688
14	3.99,8169	2.40,3028	6.40,1197	56.07,7519
15	4.15,8096	2.24,3101	6.40,1197	51.91,9423
16	4.32,4420	2.07,6777	6.40,1197	47.59,5003
17	4.49,7397	1.90,3800	6.40,1197	43.09,7606
18	4.67,7293	1.72,3904	6.40,1197	38.42,0313
19	4.86,4385	1.53,6812	6.40,1197	33.55,5928
20	5 05,8960	1.34,2237	6.40,1197	28.49,6968
21	5.26,1318	1.13,9879	6.40,1197	23.23,5650
22	5.47,1771	0.92,9426	6.40,1197	17.76,3879
23	5.69,0642	0.71,0555	6.40,1197	12 07,3237
24	5.91,8267	0.48,2930	6.40,1197	6.15,4970
25	6.15,4970	0.24,6227	6.40,1197	0.00,0000

Dans le cas où l'emprunteur aurait déjà entrepris des travaux de drainage sur son fonds, il fera connaître dans sa demande, l'étendue et l'importance de ces travaux, en même temps qu'il indiquera ceux qui sont encore nécessaires pour compléter l'œuvre.

Si le propriétaire veut contribuer dans une part quelconque aux dépenses que nécessiteront les travaux, il indiquera cette part contributive dans sa demande, et aux pièces à l'appui de sa demande, il joindra une déclaration dans laquelle il s'engage à prendre à sa charge cette portion des travaux.

Un ingénieur dans chaque département étant spécialement chargé de faire les projets détaillés de drainage, dans le cas où le propriétaire soit avant, soit après sa demande de prêt au Crédit foncier, désirerait qu'il fût fait un projet détaillé du drainage de son domaine par cet ingénieur, en adresse la demande au préfet ou à l'ingénieur en chef du département. Ce projet détaillé lui est fourni gratuitement.

Quand le demandeur est, non plus le propriétaire du fonds, mais le fermier du domaine ou un colon partiaire, la demande du prêt est modifiée de la manière suivante :

Monsieur le ministre,

Le soussigné (*nom et prénoms*), demeurant à (*demeure, canton, arrondissement, département, et l'endroit où le tout est situé*), expose à Votre Excellence qu'il désire profiter du bénéfice des lois des 17 juillet 1856 et 28 mai 1858, en matière de prêts destinés à faciliter les opérations du drainage.

En conséquence, il transmet à Votre Excellence l'extrait du plan cadastral sous le n°... où est figuré le domaine, la ferme, etc., ainsi que l'extrait de la matrice cadastrale qui constate que la contenance totale est de ... hectares ... ares et ... centiares.

Un devis préalable estime la dépense de l'opération à la somme de (*en toutes lettres*).

Et le prêt demandé au Crédit foncier est de la somme de (*en toutes lettres*).

Le soussigné s'engage à fournir au Crédit foncier, aussitôt après le rapport de l'ingénieur, toutes pièces à l'appui de sa demande.

Il a l'honneur d'être,

Monsieur le ministre,

(*La signature*).

Le 18 .

Les pièces à fournir à l'appui de cette demande sont :

1° Une déclaration du propriétaire du fonds qui autorise le fermier à entreprendre ces travaux de drainage, en mentionnant les travaux déjà exécutés, la part contributive que peut y prendre le propriétaire et l'évaluation des travaux qui restent à faire.

Cette déclaration est inutile si le propriétaire a imposé dans le bail cette charge à son fermier ou au colon partiaire.

2° Un extrait des titres de propriété que le fermier a du être autorisé à se faire délivrer par le notaire du propriétaire, ou que celui-ci lui a remis lors de la délivrance d'autorisation.

3° La copie de la matrice cadastrale.

4° Le bail authentique ou sous seing privé et enregistré, de la location des lieux.

5° Les charges, les contributions imposées tant au propriétaire qu'au fermier.

6° La police d'assurance contre l'incendie.

7° Enfin, l'état d'inscription constatant la situation hypothécaire du propriétaire.

Les demandes des syndicats et des communes sont soumises aux mêmes formalités, seulement les syndicats doivent fournir l'acte qui lie entre eux les propriétaires ainsi que leurs statuts, et faire connaître les arrêtés préfectoraux qui les constituent ainsi que la nature des engagements que ces propriétaires ont contracté pour arriver au drainage d'une certaine étendue de terrain. Les communes doivent en outre fournir les arrêtés du ministre de l'intérieur et des préfets qui les autorisent à opérer un drainage, ainsi qu'à procéder à un emprunt à la compagnie du Crédit foncier.

Comme on le voit, une demande de prêt au Crédit foncier est, pour un propriétaire ou pour un fermier, une démarche fort simple qui, lorsqu'ils se seront mis en mesure et que toutes les pièces qu'il est nécessaire de fournir seront en règle, marchera avec rapidité.

APPENDICE

A LA

LÉGISLATION RELATIVE AU DRAINAGE.

I.

Loi du 14 floréal an XI relative au curage des canaux et rivières non navigables, et à l'entretien des digues qui y correspondent.

Art. 1. Il sera pourvu au curage des canaux et des rivières non navigables, et à l'entretien des digues et ouvrages d'art qui y correspondent, de la manière prescrite par les anciens réglements ou d'après les usages locaux.

Art. 2. Lorsque l'application des règlements ou l'exécution du mode consacré par l'usage éprouvera des difficultés, ou lorsque des changements survenus exigerontdes dispositions nouvelles, il y sera pourvu par le gouvernement, dans un règlement d'administration publique, rendu sur la proposition du préfet du département, de manière que la quotité de la contribution de chaque imposé soit toujours relative au degré d'intérêt qu'il aura aux travaux qui devront s'effectuer.

Art. 3. Les rôles de répartition des sommes nécessaires au paiement des travaux d'entretien, réparation ou reconstruction, seront dressés sous la surveillance du préfet, rendus exécutoires par lui; et le recouvrement s'en opérera de la même manière que celui des contributions publiques.

Art. 4. Toutes les contestations relatives au recouvrement de ces rôles, aux réclamations des individus imposés et à la confection des travaux, seront portées devant le conseil de préfecture, sauf le recours au gouvernement, qui décidera en conseil d'état.

II.

Loi du 29 *avril* 1845, *sur les irrigations.*

Art. 1. Tout propriétaire qui voudra se servir, pour l'irrigation de ses propriétés, des eaux naturelles ou artificielles dont il a le droit de disposer, pourra obtenir le passage de ces eaux sur les fonds intermédiaires, à la charge d'une juste et préalable indemnité.

Sont exceptés de cette servitude les maisons, cours, jardins, parcs et enclos attenant aux habitations.

Art. 2. Les propriétaires des fonds inférieurs devront recevoir les eaux qui s'écouleront des terrains ainsi arrosés, sauf l'indemnité qui pourra leur être due.

Seront également exceptés de cette servitude les maisons, cours, jardins, parcs et enclos attenant aux habitations.

Art. 3. La même faculté de passage sur les fonds intermédiaires pourra être accordée au propriétaire d'un terrain submergé en tout ou en partie, à l'effet de procurer aux eaux nuisibles leur écoulement.

Art. 4. Les contestations auxquelles pourront donner lieu l'établissement de la servitude, la fixation des parcours de la conduite d'eau, de ses dimensions et de sa forme, et les indemnités dues, soit au propriétaire du fonds traversé, soit à celui du fonds qui recevra l'écoulement des eaux, seront portées devant les tribunaux qui, en prononçant, devront concilier l'intérêt de l'opération avec le respect dû à la propriété.

Il sera procédé devant les tribunaux comme en matière sommaire, et, s'il y a lieu à expertises, il pourra n'être nommé qu'un seul expert.

Art. 5. Il n'est aucunement dérogé par les présentes dispositions aux lois qui règlent la police des eaux.

III.

Loi du 11 juillet 1847 sur les irrigations.

Art. 1. Tout propriétaire qui voudra se servir, pour l'irrigation de ses propriétés, des eaux naturelles ou artificielles dont il a le droit de disposer, pourra obtenir la faculté d'appuyer sur la propriété du riverain opposé, les ouvrages d'art nécessaires à sa prise d'eau, à la charge d'une juste et préalable indemnité.

Sont exceptés de cette servitude les bâtiments, cours et jardins attenant aux habitations.

Art. 2. Le riverain sur le fonds duquel l'appui sera réclamé pourra toujours demander l'usage commun du barrage, en contribuant pour moitié aux frais d'établissement et d'entretien; aucune indemnité ne sera respectivement due dans ce cas, et celle qui aurait été payée devra être rendue.

Lorsque cet usage commun ne sera réclamé qu'après le commencement ou la confection des travaux, celui qui le demandera devra supporter seul l'excédant de dépense auquel donneront lieu les changements à faire au barrage pour le rendre propre à l'irrigation des deux rives.

Art. 3. Les contestations auxquelles pourra donner lieu l'application des deux articles ci-dessus, seront portées devant les tribunaux.

Il sera procédé comme en matière sommaire, et s'il

y a lieu à expertise, le tribunal pourra ne nommer qu'un seul expert.

Art. 4. Il n'est aucunement dérogé, par les présentes dispositions, aux lois qui règlent la police des eaux.

IV.

Article 456 *du code pénal*. — Quiconque aura, en tout ou en partie, comblé des fossés devant des clôtures, de quelques matériaux qu'elles soient faites, coupé ou arraché des haies vives ou sèches; quiconque aura déplacé ou supprimé des bornes ou pieds corniers, ou autres arbres plantés ou reconnus pour établir les limites entre différents héritages, sera puni d'un emprisonnement qui ne pourra être au-dessous d'un mois, ni excéder une année, et d'une amende égale au quart des restitutions, et des dommages-intérêts qui, dans aucun cas, ne pourra être au-dessous de cinquante francs.

V.

Article 463 *du code pénal*. — Dans tous les cas où la peine d'emprisonnement est portée par le présent code (pénal), si le préjudice causé n'exède pas vingt-cinq francs, et si les circonstances paraissent atténuantes, les tribunaux sont autorisés à réduire l'emprisonnement, même au-dessous de six jours, et l'amende, même au-dessous de seize francs. Ils pourront aussi prononcer séparément l'une ou l'autre de ces peines, sans que, dans aucun cas, elle puisse être au-dessous des peines de simple police.

VI.

Article 2103 *du code Napoléon.* — Les créanciers privilégiés sur les immeubles sont :..... 5° Ceux qui ont prêté les deniers pour payer ou rembourser les ouvriers, jouissent du même privilège pourvu que cet emploi soit authentiquement constaté par l'acte d'emprunt et par la quittance des ouvriers, ainsi qu'il a été dit (1°) pour ceux qui ont prêté les deniers pour l'acquisition d'un immeuble.

FIN.

TABLE DES MATIÈRES.

FIN DE LA TABLE DES MATIÈRES.

BAR-SUR-SEINE. — IMP. SAILLARD.

Juin 1863.

Ce Catalogue annule les précédents.

LIBRAIRIE ENCYCLOPÉDIQUE

DE

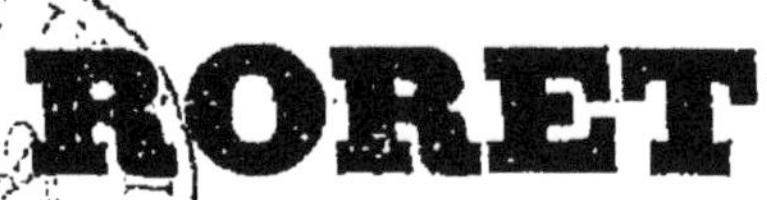

RORET

RUE HAUTEFEUILLE, 12

AU COIN DE LA RUE SERPENTE

PARIS

(Voir ci-contre la division du Catalogue.)

N. B. *Comme il existe à Paris deux libraires du nom de* RORET, *l'on est prié de bien indiquer l'adresse.*

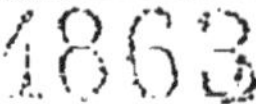

DIVISION DU CATALOGUE.

PUBLICATIONS PÉRIODIQUES.

Le Technologiste, ou *Archives des Progrès de l'*INDUSTRIE FRANÇAISE ET ÉTRANGÈRE, publié par une Société de savants et de praticiens, sous la direction de MM. F. MALEPEYRE et CH. VASSEROT. Ouvrage utile aux manufacturiers, aux fabricants, aux chefs d'ateliers, aux ingénieurs, aux mécaniciens, aux artistes, etc., etc., et à toutes les personnes qui s'occupent d'arts industriels, 24e année. Prix : 18 fr. par an pour Paris ; 19 fr. 50 pour la province, et 21 fr. pour l'Étranger.

Chaque mois il paraît un cahier de 48 pages in-8, grand format, renfermant en grande quantité des figures gravées sur bois et sur acier.

Ce recueil a commencé à paraître le 1er octobre 1839. Le prix des 23 années parues est de 18 fr. chacune.

TABLE alphabétique et analytique DES 20 PREMIÈRES ANNÉES. 1 vol. grand in-8°. 10 fr.

Pour les abonnés à l'année courante. 5 fr.

Cette table est délivrée *gratuitement* aux abonnés à la collection complète ou aux personnes qui font l'acquisition de cette collection.

L'Agriculteur-praticien, REVUE D'AGRICULTURE, DE JARDINAGE ET D'ÉCONOMIE RURALE ET DOMESTIQUE.

1re *série*, publiée sous la direction de MM. BOSSIN, MALEPEYRE, G. HEUZÉ, etc., in-8, grand format, renfermant des gravures sur bois intercalées dans le texte.

Il a paru 14 années de cette 1re série, qu a commencé en octobre 1839 et fini en septembre 1853.

Prix de chaque année, 3 fr. au lieu de 6 fr.

Almanach encyclopédique, récréatif et populaire pour 1863, d'après les travaux de savants et de praticiens célèbres. 1 vol. in-16, grand raisin, orné de jolies gravures. 50 c.

Il a paru 24 années de cet Almanach, à 50 c. chaque.

Bulletin de la Société industrielle de Mulhouse. Il a paru 4 séries de ce recueil. Les deux premières, format in-8, et la troisième et la quatrième, format in-8 grand papier.

La *première* a commencé en 1836 et fini en 1840. Elle comprend les cahiers 1 à 65, ou vol. 1 à 13; prix : 9 fr. le vol.

La *seconde* a commencé en 1840 et fini en 1854. Elle comprend les cahiers 66 à 125, ou vol. 14 à 25; prix : 12 fr. le vol.

La *troisième* a commencé en 1854 et fini en 1860. Elle comprend les cahiers 126 à 149, ou vol. 26 à 29; prix : 15 fr. le vol.

Chaque numéro des trois premières séries se vend séparément 3 fr.

La *quatrième* a commencé en janvier 1860 et se continue. Le prix de la souscription pour Paris, est de 15 fr. par vol., composé de 12 cahiers, et de 18 fr. pour la province. Chaque numéro se vend séparément 1 fr. 50. La 3e année est en cours de publication.

Bulletin de la Société française de Photographie. Journal paraissant chaque mois, à partir de janvier 1855. 7e année. France, 12 fr.; Etranger, 15 fr.

Le Garde-meuble, JOURNAL D'AMEUBLEMENT; 54 planches par an. Prix des 3 catégories, *Sièges, Meubles, Tentures* : fig. noires, 22 fr. 50; pour 2 catégories, 15 fr., et pour une catégorie, 7 fr. 50. En couleur, prix des 3 catégories, 36 fr.; pour 2 catégories, 24 fr., et pour une catégorie, 12 fr. — *Chaque feuille se vend séparément ; en noir,* 50 *centimes, et en couleur,* 80 *centimes.*

ENCYCLOPÉDIE-RORET

COLLECTION

DES

MANUELS-RORET

FORMANT UNE

ENCYCLOPÉDIE DES SCIENCES ET DES ARTS

FORMAT IN-18;

PAR UNE RÉUNION DE SAVANTS ET DE PRATICIENS,

MESSIEURS

Amoros, Arsenne, Barthelemy, Bataille, Beauvalet, de Bavay, Biot, Biret, Biston, Boisduval, Boitard, Bosc, Boutereau, Boyard, Boyer de Fonscolombe, Cahen, Capron, Chaussier, Chevrier, Choron, Constantin, d'Orbigny, De Gayffier, De Lafage, De Lépinois, De Montigny, De Pareto, De Siebold, De Saint-Victor, De Valicourt, Paulin Désormeaux, Jules Desportes, Drapier, Dubois, Dujardin, Dupuis-Delcourt, Francœur, Gallas, Garnier, Gentilhomme, Giquel, Guillond, Hamel, Hervé, Huot, Janvier, Julia de Fontenelle, Jullien, Knecht, Lacordaire, Lacroix, Lagarde, Landrin, Launay, Lebeuf, Led'huy, Lenormand, Lesson, Loriol, E. Lormé, Magnier, F. Malepeyre, Marcel de Serres, Miné, Muller, Nicard, Noël, Mme Pariset, Paulin, J. Pautet, Pedroni, Ponsin, Rendu, Richard, Riffault, Rouget de l'Isle, Roussel, Schmit, Spring, Stannius, Tarbé, Terquem, Terrière, Thiébaut de Berneaud, Thillaye, Thouin, Toussaint, Toustain, Trémery, Truy, Ulrich, Valério, Vasserot, Vauquelin, Verdier, Vergnaud, Walker, With, Yvart, etc.

Tous les Traités se vendent séparément. Les ouvrages indiqués *sous presse* paraîtront successivement. La plupart des volumes, de 3 à 400 pages, renferment des planches parfaitement dessinées et gravées, et des vignettes intercalées dans le texte.

Pour recevoir chaque volume franc de port, l'on joindra un mandat sur la poste à la lettre de demande.

Manuel pour gouverner les Abeilles et en retirer un grand profit, par MM. Radouan et Malepeyre. 2 vol. 6 fr.

— **Accordeur de Pianos,** mis à la portée de tout le monde, par M. Giorgio Armellino. 1 vol. 1 fr. 25

— **Acides gras concrets,** voy. *Bougies stéariques.*

— **Actes sous signatures privées** en matières civiles, commerciales, criminelles, etc., par M. Biret, ancien magistrat. 1 vol. 2 fr. 50

— **Aérostation** ou Guide pour servir à l'histoire ainsi qu'à la pratique des *Ballons*, par M. Dupuis-Delcourt. 1 vol. orné de figures. 3 fr.

— **Agents-Voyers,** voyez *Constructeur en général.*

— **Agriculture Elémentaire,** à l'usage des écoles primaires et des écoles d'agriculture, par M. V. Rendu. (*Ouvrage autorisé par l'Université.*) 1 vol. 1 fr. 25

— **Alcools,** voyez *Distillation, Liquides, Négociant d'eau-de-vie.*

— **Algèbre,** *ou* Exposition élémentaire des principes de cette science, par M. Terquem. (*Ouvrage approuvé par l'Université.*) 1 gros vol. 3 fr. 50

— **Alliages métalliques,** par M. Hervé, officier supérieur d'artillerie, ancien élève de l'Ecole polytechnique. 1 vol. 3 fr. 50

Ouvrage *approuvé par le Comité d'artillerie.*

— **Allumettes chimiques, Coton** et **Papier-poudre, Poudres** et **Amorces fulminantes;** dangers, accidents et maladies qu'elles produisent; par le docteur Roussel. 1 vol. orné de figures. 1 fr. 50

— **Amidonnier** et **Vermicellier,** par MM. Morin et F. Malepeyre. 1 vol. avec figures. 3 fr.

— **Amorces fulminantes,** voyez *Allumettes chimiques.*

— **Anatomie comparée,** par MM. de Siebold et Stannius; trad. de l'allemand par MM. Spring et Lacordaire, professeurs à l'Université de Liége. 3 gros vol. 10 fr. 50

— **Anecdotique,** ou Choix d'Anecdotes anciennes et modernes, par madame Celnart. 4 vol. 7 fr.

— **Animaux nuisibles** (Destructeur des).

1re *partie*, contenant les animaux nuisibles à l'agriculture, au jardinage, etc., par M. Vérardi. 1 vol. orné de planches. 3 fr.

2e *partie*, contenant les Hylophthires et leurs ennemis, ou Description et Iconographie des Insectes les plus nuisibles aux forêts, avec une méthode pour apprendre à les détruire et à ménager ceux qui leur font la guerre, à l'usage des forestiers, des jardiniers, etc., par MM. RATZEBURG, DE CORBERON et BOISDUVAL. 1 vol. orné de 8 planches. 2 fr. 50

— **Arbres fruitiers** (Taille des), contenant les notions indispensables de Physiologie végétale; un Précis raisonné de la multiplication, de la plantation et de la culture; les vrais principes de la taille et leur application aux formes diverses que reçoivent les arbres fruitiers, par M. L. DE BAVAY. 1 vol. orné de figures. 3 fr.

— **Archéologie**, par M. NICARD. 3 vol. avec Atlas. Prix des 3 vol., 10 fr. 50; de l'Atlas séparément, 12 fr.; l'ouvrage complet 22 fr. 50

— **Architecte des Jardins**, ou l'Art de les composer et de les décorer, par M. BOITARD. 1 vol. avec Atlas de 140 planches. 15 fr.

— **Architecte des Monuments religieux**, ou Traité d'Archéologie pratique, applicable à la restauration et à la construction des Eglises, par M. SCHMIT. 1 gros vol. avec Atlas contenant 21 planches. 7 fr.

— **Architecture**, ou Traité de l'Art de bâtir, par M. TOUSSAINT, architecte. 2 vol. ornés de planches. 7 fr.

— **Arithmétique démontrée**, par MM. COLLIN et TRÉMERY. 1 vol. 2 fr. 50

— **Arithmétique complémentaire**, ou Recueil de Problèmes nouveaux, par M. TRÉMERY. 1 vol. 1 fr. 75

— **Armurier**, Fourbisseur et Arquebusier, par M. PAULIN DÉSORMEAUX. 2 vol. avec figures. 6 fr.

— **Arpentage**, ou Instruction élémentaire sur cet art et sur celui de lever les plans, par M. LACROIX, de l'Institut, MM. HOGARD, géomètre, et VASSEROT, avocat. 1 vol. avec figures. (*Autorisé par l'Université*) 2 fr. 50

On vend séparément les MODÈLES DE TOPOGRAPHIE, par CHARTIER. 1 pl. col. 1 fr.

— **Art militaire**, par M. VERGNAUD. 1 volume avec figures. 3 fr.

— **Artificier**, Poudrier et Salpêtrier, par M. VERGNAUD, colonel d'artillerie. 1 vol. orné de planches. 3 fr. 50

— **Aspirants** aux fonctions de Notaires, Greffiers, Avocats à la Cour de Cassation, Avoués, Huissiers, et Commissaires-Priseurs, par M. COMBES. 1 vol. 3 fr. 50

— **Assolements, Jachère** et **Succession des Cultures**, par M. Victor YVART, de l'Institut, avec des notes par M. Victor RENDU, inspecteur de l'agriculture. 3 vol. 10 fr. 50

LE MÊME OUVRAGE. 1 vol. in-4. 12 fr.

— **Astronomie,** ou Traité élémentaire de cette science, de W. Herschel, par M. Vergnaud. 1 vol. orné de planches. 3 fr. 50

— **Astronomie amusante**, traduit de l'anglais, par A. D. Vergnaud. 1 vol. avec figures. 2 fr. 50

— **Avocats,** voyez *Aspirants* aux fonctions d'avocats à la Cour de Cassation.

— **Avoués,** voyez *Aspirants* aux fonctions d'Avoués.

— **Ballons,** voyez *Aérostation*.

— **Barême complet des Poids et Mesures,** voyez *Poids et Mesures*.

— **Bibliographie Universelle,** par MM. F. Denis, P. Pinçon et De Martonne. 3 vol. 20 fr.

Le même ouvrage, grand in-8 à 3 colonnes, papier collé pour recevoir des notes. 25 fr.

— **Bibliothéconomie**, Arrangement, Conservation et Administration des Bibliothèques, par L.-A. Constantin. 1 vol. orné de figures. 3 fr.

— **Bijoutier,** Joaillier, Orfèvre, Graveur sur métaux et Changeur, par M. Julia de Fontenelle. 2 vol. 7 fr.

— **Biographie,** ou Dictionnaire historique abrégé des grands hommes, par M. Noel, inspecteur-général des études. 2 vol. 6 fr.

— **Blanchiment et Blanchissage,** Nettoyage et Dégraissage des fil, lin, coton, laine, soie, etc., par MM. J. de Fontenelle et Rouget de Lisle. 2 vol. avec pl. 6 fr.

— **Blason,** ou Traité de cet art sous le rapport archéologique et héraldique, par M. J. Pautet, 1 vol. avec pl. 3 fr. 50

— **Bleus et Carmins d'Indigo** (Fabricant de), par M. Félicien Capron, de Dôle. 1 vol. 1 fr. 50

— **Bois** (Marchands de) et de Charbons, ou Traité de ce commerce en général, par M. Marié de Lisle. 1 volume avec figures. 3 fr.

— **Boissons gazeuses,** voyez *Eaux Gazeuses*.

— **Bois** (Manuel-Tarif métrique pour la conversion et la réduction des), d'après le système métrique, par M. Lombard. 1 vol. 2 fr. 50

— **Bonnetier et Fabricant de bas,** par MM. Leblanc et Preaux-Caltot. 1 vol. avec figures. 3 fr.

— **Botanique,** Partie élémentaire, par M. Boitard. 1 vol. avec planches. 3 fr. 50

Atlas de botanique pour la partie élémentaire. 1 vol. in-8 renfermant 36 planches. 6 fr.

— **Botanique,** 2e partie, Flore française, ou Description synoptique des plantes qui croissent naturellement sur le sol français, par M. le docteur BOISDUVAL. 3 gros volumes. 10 fr. 50

ATLAS DE BOTANIQUE, composé de 120 planches, représentant la plupart des plantes décrites dans l'ouvrage ci-dessus. Prix : figures noires, 9 fr ; fig. coloriées. 18 fr.

— **Bottier et Cordonnier,** par M. MORIN. 1 vol. avec figures. 3 fr.

— **Boucherie Taxée,** ou Code des Vendeurs et des Acheteurs de Viande, suivi d'un Barême pour l'application immédiate du prix à la pesée, par un MAGISTRAT. 1 volume. 1 fr. 50

TABLEAU FIGURATIF DES DIVERSES CATÉGORIES DE LA BOUCHERIE, in-plano col. 75 c.

— **Bougies stéariques,** et fabrication des acides gras concrets, etc., etc., par M. MALEPEYRE, 1 vol. orné de planches. 3 fr.

— **Boulanger,** Négociant en grains, Meunier et Constructeur de Moulins, par MM. BENOIST, JULIA DE FONTENELLE et F. MALEPEYRE. 2 vol. avec figures. 7 fr.

— **Bourrelier et Sellier,** par M. LEBRUN. 1 vol. orné de figures. 3 fr.

— **Bourse et ses Spéculations** mises à la portée de tout le monde, par M. le Président BOYARD. 1 vol. de 428 pages. 2 fr. 50

— **Bouvier et Zoophile,** ou l'Art d'élever et de soigner les animaux domestiques, par M. BOYARD. 1 volume. 2 fr. 50

— **Brasseur,** ou l'Art de faire toutes sortes de Bières, par M. VERGNAUD. 1 vol. 3 fr.

— **Brodeur,** ou Traité complet de cet Art, par madame CELNART. 1 vol. avec un Atlas de 40 pl. 7 fr.

— **Cadres** (Fabricant de), Passe-Partout, Châssis, Encadrement, etc., par M. DE SAINT-VICTOR. 1 vol. orné de figures. 1 fr. 50

— **Calculateur,** ou COMPTES-FAITS utiles aux opérations industrielles, aux comptes d'inventaire, etc., par M. Aug. TERRIÈRE. 1 gros vol. 3 fr. 50

— **Calendrier** (Théorie du) et Collection de tous les calendriers des années passées et futures, par M. FRANCOEUR, professeur à la Faculté des sciences. 1 vol. 3 fr.

— **Calligraphie,** ou l'Art d'écrire en peu de leçons, d'après la méthode américaine de CARSTAIRS. 1 Atlas in-8 oblong. 1 fr.

— **Canotier,** ou Traité universel et raisonné de cet

Art, par UN LOUP D'EAU DOUCE; joli vol. orné de vignettes sur bois. 1 fr. 75

— **Caoutchouc, Gutta-percha, Gomme factice,** Tissus imperméables, Toiles cirées et Cuirs vernis, par M. PAULIN-DÉSORMEAUX. 1 vol. orné de fig. 3 fr. 50

— **Capitaliste,** contenant la pratique de l'escompte et des comptes-courants, d'après la méthode nouvelle, par M. TERRIÈRE, employé à la trésorerie générale de la couronne. 1 gros vol. 3 fr. 50

— **Cartes Géographiques** (Construction et Dessin des), par M. PERROT. 1 vol. orné de planches. 2 fr. 50

— **Cartonnier,** Cartier et Fabricant de Cartonnage, par M. LEBRUN. 1 vol. orné de figures. 3 fr.

— **Caves et Celliers** (Garçons de), **Maîtres de Chais,** voyez *Vins* (*Calendrier des*).

— **Chamoiseur,** Pelletier-Fourreur, Maroquinier, Mégissier et Parcheminier, par M. JULIA DE FONTENELLE. 1 vol. orné de planches. 3 fr.

— **Chandelier,** Cirier et Fabricant de Cire à cacheter, par M. LENORMAND. 1 gros vol. orné de pl. 3 fr. 50

— **Chapeaux** (Fabricant de), par MM. CLUZ, F. et JULIA DE FONTENELLE. 1 vol. orné de planches. 3 fr.

— **Charcutier,** ou l'Art de préparer et de conserver les différentes parties du cochon, par M. LEBRUN. 1 vol. avec figures. 2 fr. 50

— **Charpentier,** ou Traité simplifié de cet Art, par MM. HANUS, BISTON et BOUTEREAU. 1 vol. orné de 20 planches. 3 fr. 50

— **Charron et Carrossier,** ou l'Art de fabriquer toutes sortes de Voitures, par MM. LEBRUN, LEROY et MALEPEYRE. 2 vol. ornés de 14 planches. 6 fr.

— **Chasselas,** sa culture à Fontainebleau, par un VIGNERON des environs. 1 vol. avec figures. 1 fr. 75

— **Chasseur,** ou Traité général de toutes les chasses à courre et à tir, par MM. BOYARD et DE MERSAN. 1 volume avec musique. 3 fr.

— **Chasseur-Taupier,** ou l'Art de prendre les Taupes par des moyens sûrs et faciles, par M. RÉDARÈS. 1 vol. orné de figures. 90 c.

— **Chaudronnier,** Description complète et détaillée de toutes les opérations de cet Art, tant pour la fabrication des appareils en cuivre que pour ceux en fer, etc., par MM. JULIEN et VALÉRIO. 1 vol. avec 16 planches. 3 fr. 50

— **Chaufournier,** contenant l'Art de calciner la Pierre à chaux et à plâtre, de composer les Mortiers, les

Ciments, etc., par MM. Biston et Magnier. 1 vol. avec figures. 3 fr.

— **Chemins de Fer** (Construction des), contenant des Etudes comparatives sur les divers systèmes de la voie et du matériel, le Formulaire des charges et conditions pour l'établissement des travaux, etc., par M. E. With. 2 vol. avec atlas. 7 fr.

— **Cheval** (Education et hygiène), par M. le vicomte de Montigny, 1 vol. orné de 6 planches. 3 fr.

— **Chimie Agricole**, par MM. Davy et Vergnaud. 1 vol. orné de figures. 3 fr. 50

— **Chimie amusante**, ou Nouvelles Récréations chimiques, par M. Vergnaud. 1 vol. orné de figures. 3 fr.

— **Chimie analytique**, contenant des notions sur les manipulations chimiques, les éléments d'analyse inorganique qualitative et quantitative, et des principes de chimie organique, par MM. Will, F. Voehler, J. Liebig et Malepeyre. 2 vol. ornés de planches et de tableaux 5 fr.

— **Chimie appliquée**, Voyez *Produits chimiques*.

— **Chimie Inorganique et Organique** dans l'état actuel de la science, par M. Vergnaud. 1 gros vol. orné de figures. 3 fr. 50

— **Chimiques** (Produits), voyez *Produits chimiques*.

— **Chirurgie**, voyez *Médecine*, *Instruments de chirurgie*.

— **Chocolatier**, voyez *Confiseur*.

— **Cidre et Poiré** (Fabricant de), avec les moyens d'imiter, avec le suc de pomme ou de poire, le Vin de raisin, l'Eau-de-Vie et le Vinaigre de vin, par M. Dubief. 1 vol. avec figures. 2 fr. 50

— **Ciseleur**, contenant la description des procédés de l'Art de ciseler et repousser tous les métaux ductiles, bijouterie, orfèvrerie, armures, bronzes, etc., par M. Jean Garnier, ciseleur-sculpteur. 1 vol. orné de figures. 3 fr.

— **Coiffeur**, précédé de l'Art de se coiffer soi-même, par M. Villaret. 1 vol. orné de figures. 2 fr. 50

— **Colles** (Fabrication de toutes sortes de), comprenant celles de matières végétales, animales et composées, par M. Malepeyre. 1 vol. orné de planches. 1 fr. 50

— **Coloriste**, contenant le mélange et l'emploi des Couleurs, ainsi que les différents travaux de l'Enluminure, par MM. Perrot, Blanchard et Thillaye. 1 vol. orné de figures. 2 fr. 50

— **Commerce, Banque et Change**, contenant tout ce qui est relatif aux effets de Commerce, à la tenue des livres, à la comptabilité, à la bourse, aux emprunts, etc., par MM. Gallas et Pijon. 2 vol. 6 fr.

On vend séparément la MÉTHODE NOUVELLE POUR LE CALCUL DES INTÉRÊTS A TOUS LES TAUX (Extraite de ce manuel). 1 vol. in-18. 1 fr. 50

— **Commissaire de Police**, voyez *Police de France*.

— **Commissaires-Priseurs**, voyez *Aspirants* aux fonctions de Commissaires-Priseurs.

— **Compagnie** (Bonne), ou Guide de la Politesse et de la Bienséance, par madame CELNART. 1 vol. 1 fr. 75

— **Comptes-Faits**, voyez *Calculateur*, *Capitaliste*, *Poids et Mesures* (*Barême des*).

— **Confiseur et Chocolatier**, par MM. CARDELLI et LIONNET-CLÉMANDOT. 1 volume orné de planches. 3 fr.

— **Constructeur en Général et Agents-Voyers**, ouvrage utile aux ingénieurs des ponts et chaussées, aux officiers du génie militaire, aux architectes, aux conducteurs des ponts et chaussées, par M. LAGARDE, ingénieur civil. 1 vol. orné de figures. 3 fr.

— **Construction moderne** (La), ou Traité de l'Art de bâtir avec solidité, économie et durée, comprenant la Construction, l'histoire de l'Architecture et l'Ornementation des édifices, par M. BATAILLE, architecte, professeur à l'école de Mulhouse. 1 vol. et Atlas in-4 de 44 pl. 15 fr.

— **Constructions rurales**, ou Guide pour les Constructions rurales, par M. HEUZÉ. (*Sous presse.*)

— **Contre-Poisons**, ou Traitement des Individus empoisonnés, asphyxiés, noyés ou mordus, par M. H. CHAUSSIER, D.-M. 1 vol. 2 fr. 50

— **Contributions Directes**, Guide des Contribuables et des Comptables de toutes classes, etc.; par M. BOYARD. 1 vol. 2 fr. 50

— **Cordier**, contenant la culture des Plantes textiles, l'extraction de la Filasse, et la fabrication de toutes sortes de cordes, par M. BOITARD. 1 vol. orné de fig. 2 fr. 50

— **Corps gras concrets**, voyez *Bougies stéariques*.

— **Correspondance Commerciale**, contenant les Termes de commerce, les Modèles et Formules épistolaires et de comptabilité, etc., par MM. REES-LESTIENNE et TRÉMERY. 1 vol. 2 fr. 50

— **Corroyeur**, voyez *Tanneur*.

— **Coton et Papier-Poudre**, voyez *Allumettes chimiques*.

— **Couleurs et Vernis** (Fabricant de), contenant tout ce qui a rapport à ces différents Arts, par MM. RIFFAULT, VERGNAUD, TOUSSAINT, MALEPEYRE et le docteur EM. WINCKLER. 2 volumes ornés de figures. 7 fr.

— **Coupe des Pierres,** par MM. Toussaint et H. M.-M., architectes. 1 vol. avec Atlas. 5 fr.

— **Coutelier,** ou l'Art de faire tous les Ouvrages de Coutellerie, par M. Landrin, ingénieur civil. 1 vol. 3 fr. 50

— **Couvreur,** voyez *Maçon*.

— **Crustacés** (Hist. natur. des), par MM. Bosc et Desmarest, etc. 2 vol. ornés de planches. 6 fr.

Atlas pour les Crustacés, 18 pl. Fig. noires, 1 fr. 50, — fig. coloriées. 3 fr.

— **Cuisinier et Cuisinière,** à l'usage de la ville et de la campagne, par M. Cardelli. 1 gros vol. de 464 pages, orné de figures. 2 fr. 50

— **Cultivateur Forestier,** contenant l'Art de cultiver en forêts tous les Arbres indigènes et exotiques, par M. Boitard. 2 vol. 5 fr.

— **Cultivateur Français,** ou l'Art de bien cultiver les Terres et d'en retirer un grand profit, par M. Thiébaut de Berneaud. 2 vol. ornés de figures. 5 fr.

— **Dames,** ou l'Art de l'Elégance, par madame Celnart. 1 vol. 3 fr.

— **Danse,** comprenant la théorie, la pratique et l'histoire de cet Art, par MM. Blasis et Vergnaud. 1 gros vol. orné de planches. 3 fr. 50

— **Décorateur-Ornementiste,** du Graveur et du Peintre en Lettres, par M. Schmit. 1 vol. avec Atlas in-4 de 30 planches. 7 fr.

— **Demoiselles,** ou Arts et métiers qui leur conviennent, tels que Couture, Broderie, etc., par madame Celnart. 1 vol. orné de planches. 3 fr.

— **Dessin Linéaire,** par M. Allain, entrepreneur de travaux publics. 1 vol. avec Atlas de 20 planches. 5 fr.

— **Dessinateur,** ou Traité complet du Dessin, par M. Boutereau. 1 vol. avec Atlas de 20 pl. noires. 3 fr. 50

Le même ouvrage, Atlas colorié. 4 fr. 50

— **Distillateur-Liquoriste,** contenant les formules des liqueurs les plus répandues, les parfums, substances colorantes, etc., par MM. Lebeau, Julia de Fontenelle et Malepeyre. 1 gros volume. 3 fr. 50

— **Distillation de l'Eau-de-Vie de pommes de terre et de betteraves,** par MM. Hourier et Malepeyre. 1 vol. avec fig. 1 fr. 50

— **Domestiques,** ou l'art de former de bons serviteurs, par madame Celnart. 1 vol. 2 fr. 50

— **Dorure et Argenture** par la méthode Electrochimique et par simple immersion, par MM. MALEPEYRE, MATHEY et DE VALICOURT. 1 vol. orné de fig. 1 fr. 80

— **Doreur et Argenteur,** voy. *Peintre en bâtiments.*

— **Drainage simplifié,** mis à la portée des Campagnes, suivi de la législation relative au Drainage, par M. DE LA HODDE. 1 petit vol. orné de fig. 1 fr. 25

— **Draps** (Fabricant de), voyez *Tissus.*

— **Eaux et Boissons Gazeuses,** ou Description des méthodes et des appareils les plus usités depuis l'origine de cette industrie, le bouchage des bouteilles et des siphons, la Gazéification des Vins, Bières et Cidres, etc., par M. ROUGET DE LISLE. 1 vol. orné de vignettes et de planches. 3 fr. 50

— **Ebeniste,** voyez *Menuisier.*

— **Economie domestique,** contenant toutes les recettes les plus simples et les plus efficaces, par madame CELNART. 1 vol. 2 fr. 50

— **Economie politique,** par M. J. PAUTET, 1 volume. 2 fr. 50

— **Electricité,** Instructions pour établir les Paratonnerres et les Paragrêles, par M. RIFFAULT. 1 vol. 2 fr. 50

— **Électricité Médicale,** ou Eléments d'Electro-Biologie, suivi d'un Traité sur la Vision, par M. SMEE, traduit par M. MAGNIER. 1 vol. orné de fig. 3 fr.

— **Encres** (Fabricant de toutes sortes d'), d'écriture, d'imprimerie, sympathiques, etc., par MM. DE CHAMPOUR et F. MALEPEYRE. 1 vol. 1 fr. 50

— **Enregistrement et Timbre,** par M. BIRET. 1 gros vol. 3 fr. 50

— **Entomologie élémentaire,** ou Entretiens sur les Insectes en général, mis à la portée de la jeunesse, par M. BOYER DE FONSCOLOMBE. 1 gros vol. 3 fr.

— **Entomologie,** ou Histoire naturelle des Insectes et des Myriapodes, par M. BOITARD. 3 vol. 10 fr. 50

ATLAS D'ENTOMOLOGIE, composé de 110 planches représentant les Insectes décrits dans l'ouvrage ci-dessus. Figures noires, 9 fr. — Fig. coloriées. 18 fr.

— **Épistolaire** (Style), par M. BISCARRAT et madame la comtesse d'HAUTPOUL. 1 vol. 2 fr. 50

— **Équitation,** à l'usage des deux sexes, par M. VERGNAUD. 1 vol. orné de figures. 3 fr.

— **Escaliers en bois** (Construction des), ou manipulation et posage des Escaliers ayant une ou plusieurs rampes, par M. BOUTEREAU. 1 vol. et Atlas. 5 fr.

— **Escrime,** ou Traité de l'Art de faire des armes, par M. LAFAUGÈRE, maréchal-des-logis. 1 vol. 3 fr. 50

— **Essayeur,** par MM. VAUQUELIN, GAY-LUSSAC et D'ARCET, publié par M. VERGNAUD. 1 vol. 3 fr.

— **État Civil** (Officier de l'), pour la Tenue des Registres et la Rédaction des Actes, etc., etc., par M. LEMOLT, ancien magistrat. 1 vol. 2 fr. 50

— **Étoffes imprimées** (Fabricant d') et Fabricant de Papiers peints, par MM. Séb. LENORMAND et VERGNAUD. 1 vol. 3 fr.

— **Falsifications des Drogues** simples ou composées, par M. PÉDRONI, professeur. 1 vol. orné de fig. 2 fr. 50

— **Ferblantier et Lampiste,** ou l'Art de confectionner tous les Ustensiles en fer-blanc, par MM. LEBRUN et MALEPEYRE. 1 vol. orné de fig. 3 fr. 50

— **Fermier,** ou l'Agriculture simplifiée et mise à la portée de tout le monde, par M. DE LÉPINOIS. 1 vol. 2 fr. 50

— **Fermière** (Bonne), voyez *Habitants de la Campagne*.

— **Filateur,** ou Description des Méthodes anciennes et nouvellement employées pour filer le Coton, le Lin, le Chanvre, la Laine et la Soie, par MM. C.-E. JULLIEN et E. LORENTZ. 1 vol. avec 8 planches. 3 fr. 50

— **Filature de Coton,** suivi de Formules pour apprécier la résistance des appareils mécaniques, etc., par M. DRAPIER. 1 vol. avec planches. 2 fr. 50

LE MÊME OUVRAGE. 1 vol. in-8°, avec Appendice. 5 fr.

— **Filets,** voyez *Pêcheur, Pêcheur praticien*.

— **Fleuriste artificiel,** ou l'Art d'imiter, d'après nature, toute espèce de Fleurs, suivi de l'Art du Plumassier, par madame CELNART. 1 vol. orné de fig. 2 fr. 50

On peut se procurer des *modèles coloriés*, dessinés d'après nature, par REDOUTÉ. La planche, 1 fr. 50

— **Fleuriste artificiel simplifié,** par mademoiselle SOURDON. 1 vol. 1 fr. 50

— **Fondeur sur tous métaux,** par MM. LAUNAY, fondeur de la colonne de la place Vendôme, VERGNAUD et MALEPEYRE (*Ouvrage faisant suite au travail des Métaux*). 2 vol. ornés d'un grand nombre de planches. 7 fr.

— **Fontainier,** voyez *Mécanicien-Fontainier*.

— **Forgeron, Maréchal, Serrurier, Taillandier,** etc., renfermant des notions sur le fer, l'acier et les charbons; des modèles de forges, et pouvant servir de Manuel complet du fabricant de soufflets et de machines soufflantes, par M. MAPOD. 1 vol. orné de 4 planches. 3 fr.

— **Forges** (Maître de), ou l'Art de travailler le fer, par M. LANDRIN. 2 vol. ornés de planches. 6 fr.

— **Forestier praticien** (Le) et Guide des Gardes-Champêtres, traitant de la Conservation des Semis, de l'Aménagement, de l'Exploitation, etc., etc., des Forêts, par MM. Crinon et Vasserot. 1 vol. 1 fr. 25

— **Galvanoplastie,** ou Traité complet de cet Art, contenant tous les procédés les plus récents, par MM. Smee, Jacobi, de Valicourt, etc., etc. 2 vol. ornés de fig. 6 fr.

— **Gants** (Fabricant de) dans ses rapports avec la Mégisserie et la Chamoiserie, par Vallet d'Artois, ancien fabricant. 1 vol. 3 fr. 50

— **Garantie des matières d'Or et d'Argent,** par M. Lachèze, contrôleur à Paris. 1 vol. 1 fr. 75

— **Gardes-Champêtres, Gardes-Forestiers et Gardes-Pêche,** par M. Boyard, président à la Cour d'appel d'Orléans. 1 vol. 2 fr. 50

— **Gardes-Malades,** et personnes qui veulent se soigner elles-mêmes, ou l'Ami de la santé, par M. le docteur Morin. 1 vol. 2 fr. 50

— **Gardes nationaux de France,** contenant l'Ecole du soldat et de peloton, les Ordonnances, Règlements, etc., etc., par M. R. L. 33e édit. 1 vol. 1 fr. 25

— **Gaz** (Fabrication du), et Traite de l'Eclairage au gaz, à l'usage des Ingénieurs d'Usines à gaz, etc., par M. Magnier. 1 vol. orné de figures. 3 fr. 50

— **Géographie de la France,** divisee par bassins, par M. Loriol (*Autorisé par l'Université*). 1 vol. 2 fr. 50

— **Géographie générale,** par M. Devilliers. 1 gros vol. de plus de 400 pages, orné de 7 jolies cartes. 3 fr. 50

— **Géographie physique,** ou Introduction à l'étude de la Géologie, par M. Huot. 1 vol. 3 fr.

— **Géologie,** ou Traité élémentaire de cette science, par MM. Huot et d'Orbigny. 1 vol. orné de pl. 3 fr.

— **Géométrie,** ou Exposition élémentaire des principes de cette science, par M. Terquem (*Ouvrage autorisé par l'Université*). 1 gros vol. 3 fr. 50

— **Glaces,** voyez *Verrier*.

— **Glacier,** voyez *Limonadier*.

— **Gnomonique,** ou l'Art de tracer les cadrans, par M. Boutereau. 1 vol. orné de figures. 3 fr.

— **Gouache,** voyez *Miniature*.

— **Gourmands,** ou l'Art de faire les honneurs de sa table, par Cardelli. 1 vol. 3 fr.

— **Graveur,** ou Traité complet de l'Art de la Gravure en tous genres, par MM. Perrot et Malepeyre. 1 vol. orné de planches. 3 fr.

— **Grèce** (Histoire de la), depuis les premiers siècles jusqu'à l'établissement de la domination romaine, par M. MATTER, inspecteur-général de l'Université. 1 vol. 3 fr.

— **Greffes** (Monographie des), ou Description des diverses sortes de Greffes employées pour la multiplication des végétaux, par M. THOUIN, de l'Institut, etc. 1 vol. orné de 8 planches. 2 fr. 50

— **Greffiers,** voyez *Aspirants* aux fonctions de Greffiers.

— **Gutta-Percha,** CAOUTCHOUC, etc. Voyez *Caoutchouc*.

— **Gymnastique**, par le colonel AMOROS. (*Ouvrage couronné par l'Institut, admis par l'Université, etc.*) 2 vol. et Atlas. 10 fr. 50

— **Habitants de la Campagne** et Bonne Fermière, contenant tous les moyens de faire valoir, de la manière la plus profitable, les terres, le bétail, les récoltes, etc., par madame CELNART. 1 vol. 2 fr. 50

— **Héraldique** (Art), voyez *Blason*.

— **Herboriste,** voyez *Histoire naturelle médicale*.

— **Histoire naturelle,** ou Genera complet des Animaux, des Végétaux et des Minéraux. 2 gros vol. 7 fr.

ATLAS pour la Botanique, composé de 120 planches. Figures noires, 9 fr. — figures coloriées, 18 fr.

— Pour les Mollusques, 51 planches, fig. noires. 3 fr. 50
Figures coloriées. 7 fr.

— Pour les Crustacés, 18 planches, fig. noires. 1 fr. 50
Figures coloriées. 3 fr.

— Pour les Insectes, 110 planches, figures noires. 9 fr.
Figures coloriées. 18 fr.

— Pour les Mammifères, 80 planches, fig. noires. 6 fr.
Figures coloriées. 12 fr.

— Pour les Minéraux, 40 planches, fig. noires. 3 fr.
Figures coloriées. 6 fr.

— Pour les Oiseaux, 129 planches, fig. noires. 10 fr.
Figures coloriées. 20 fr.

— Pour les Poissons, 155 planches, fig. noires. 12 fr.
Figures coloriées. 24 fr.

— Pour les Reptiles, 54 planches, fig. noires. 5 fr.
Figures coloriées. 10 fr.

— Pour les Zoophytes, 25 planches, fig. noires. 3 fr.
Figures coloriées. 6 fr.

— **Histoire naturelle médicale et de Pharmacographie,** ou Tableau des Produits que la Médecine et les Arts empruntent à l'Histoire naturelle, par M. LESSON, pharmacien en chef de la marine à Rochefort. 2 vol. 5 fr.

— **Histoire universelle**, depuis le commencement du monde, par CAHEN. 1 vol. 2 fr. 50

— **Horloger**, comprenant la Construction détaillée de l'Horlogerie ordinaire et de précision, de l'Horlogerie électrique, et, en général, de toutes les machines propres à mesurer le temps; par MM. LENORMAND, JANVIER et MAGNIER, revu par M. L. S.-T., ancien élève de l'Ecole Polytechnique. 1 vol. et atlas. 5 fr.

— **Horloges** (Régulateur des), Montres et Pendules, par MM. BERTHOUD et JANVIER. 1 vol. orné de fig. 1 fr. 50

— **Huiles** (Fabricant et épurateur d'), par MM. JULIA DE FONTENELLE et MALEPEYRE. 1 vol. orné de fig. 3 fr. 50

— **Huissiers**, voy. *Aspirants* aux fonctions d'Huissiers.

— **Hygiène**, ou l'Art de conserver sa santé, par le docteur MORIN. 1 vol. 3 fr.

— **Imprimerie**, voyez *Typographie*, *Lithographie*, *Taille-douce*.

— **Indiennes** (Fabricant d'), renfermant les Impressions des Laines, des Châles et des Soies, par MM. THILLAYE et VERGNAUD. 1 vol. avec planches. 3 fr. 50

— **Ingénieur Civil**, par MM. JULLIEN, LORENTZ et SCHMITZ, Ingénieurs Civils. 2 gros vol. avec 1 Atlas renfermant beaucoup de planches. 10 fr. 50

— **Instruments de Chirurgie** (Fabricant d') par H.-C. LANDRIN. 1 gros vol. orné de planches. 3 fr. 50

— **Irrigations et assainissement des Terres**, ou Traité de l'emploi des Eaux en agriculture, par M. le marquis DE PARETO, 4 vol. ornés d'un Atlas composé de 40 planches. 18 fr.

— **Jardinier**, ou l'Art de cultiver et de composer toutes sortes de Jardins, par M. BAILLY. 2 gros vol. ornés de figures. 5 fr.

— **Jardins** (Art de cultiver les), renfermant un Calendrier indiquant mois par mois tous les travaux à faire en Jardinage, les principes d'Horticulture, etc., par UN JARDINIER AGRONOME. 1 gros vol. orné de fig. 3 fr. 50

— **Jaugeage et Débitants de Boissons**. 1 vol. orné de fig. Voyez *Vins*. 3 fr. 50

— **Jeunes gens**, ou Sciences, Arts et Récréations qui leur conviennent, et dont ils peuvent s'occuper avec agrément et utilité, par M. VERGNAUD. 2 vol. ornés de fig. 6 fr.

— **Jeux de Calcul et de Hasard**, ou nouvelle Académie des Jeux, par M. LEBRUN. 1 vol. 3 fr.

— **Jeux de Société**, renfermant tous ceux qui conviennent aux deux sexes, par Mme CELNART. 1 vol. 3 fr.

— **Jeux enseignant la Science,** ou Introduction à l'étude de la Mécanique, de la Physique, etc., par M. RICHARD. 2 vol. 6 fr.

— **Justices de Paix,** ou Traité des Compétences et Attributions tant anciennes que nouvelles, en toutes matières, par M. BIRET, ancien magistrat. 1 vol. 3 fr. 50

LE MÊME OUVRAGE, 1 vol. in-8. (*Voyez* page 69.) 6 fr.

— **Laiterie,** ou Traité de toutes les méthodes pour la Laiterie, l'Art de faire le Beurre, de confectionner les Fromages, etc., par M. THIÉBAUT DE BERNEAUD. 1 vol. orné de figures. 2 fr. 50

— **Lampiste,** voyez *Ferblantier*.

— **Langage** (Pureté du), par M. BLONDIN. 1 vol. 1 fr. 50

— **Langage** (Pureté du), par MM. BISCARRAT et BONIFACE. 1 vol. 2 fr. 50

— **Latin** (Classes élémentaires de), ou Thèmes pour les Huitième et Septième, par M. Amédée SCRIBE, ancien instituteur. 1 vol. 2 fr. 50

— **Limonadier,** Glacier, Cafetier et Amateur de thés, par MM. CHAUTARD et JULIA DE FONTENELLE. 1 volume avec figures. 2 fr. 50

— **Liqueurs,** voyez *Distillateur, Liquides*.

— **Liquides (Amélioration des),** tels que Vins, Vins mousseux, Alcools, Spiritueux, Vinaigres, etc., contenant les meilleures formules pour le coupage et l'imitation des Vins de tous les crûs, etc., par M. LEBEUF. 1 vol. 3 fr.

— **Liquoriste,** voyez *Distillateur*.

— **Lithographe** (Imprimeur), par MM. BREGEAUT, KNECHT et Jules DESPORTES. 1 gros vol. avec Atlas. 5 fr.

— **Littérature** à l'usage des deux sexes, par madame D'HAUTPOUL. 1 vol. 1 fr. 75

— **Luthier,** contenant la Construction intérieure et extérieure des instruments à archets, par M. MAUGIN. 1 volume. 2 fr. 50

— **Machines Locomotives** (Constructeur de), par M. JULLIEN, Ingénieur civil, etc. 1 gros volume avec Atlas. 5 fr.

— **Machines à Vapeur** appliquées à la Marine, par M. JANVIER, officier de marine et ingénieur civil, 1 vol. avec fig. 3 fr. 50

— **Machines à Vapeur** appliquées à l'Industrie, par M. JANVIER. 2 vol. avec fig. 7 fr.

— **Maçon, Plâtrier, Paveur, Carreleur, Couvreur,** par M. TOUSSAINT, architecte. 1 vol. 3 fr.

— **Magie blanche,** voyez *Sorcellerie, Sorciers*.

— **Magie Naturelle et Amusante**, par M. VERGNAUD. 1 vol. avec figures. 3 fr.

— **Maires** (Guide des), Adjoints, Conseillers et Officiers Municipaux, par MM. BOYARD et Ch. VASSEROT. 1 gros vol. de plus de 600 pages. 5e édition. 3 fr. 50

Voyez *Manuel des Maires*, 2 vol. in-8°, page 70.

— **Maître d'Hôtel**, ou Traité complet des menus, mis à la portée de tout le monde, par M. CHEVRIER. 1 vol. orné de figures. 3 fr.

— **Maîtresse de Maison**, par mesdames PARISET et CELNART. 1 vol. 2 fr. 50

— **Mammalogie**, ou Histoire naturelle des Mammifères, par M. LESSON, correspondant de l'Institut. 1 gros vol. 3 fr. 50

ATLAS DE MAMMALOGIE, composé de 80 planches représentant la plupart des animaux décrits dans l'ouvrage ci-dessus: figures noires, 6 fr.; fig. coloriées, 12 fr.

— **Marbrier, Constructeur et Propriétaire de maisons**, par MM. B. et M. 1 vol. avec un bel Atlas renfermant 20 planches gravées sur acier. 7 fr.

— **Marine**, Gréement, manœuvre du Navire et Artillerie, par M. VERDIER, capitaine de corvette. 2 vol. ornés de figures. 5 fr.

— **Mathématiques appliquées**, par M. RICHARD. 1 gros vol. avec figures. 3 fr.

— **Mécanicien-Fontainier, Sondeur, Pompier et Plombier**, par MM. JANVIER, BISTON et MALEPEYRE. 1 vol. orné de planches. 3 fr. 50

— **Mécanique**, ou Exposition élémentaire des lois de l'Équilibre et du Mouvement des Corps solides, par M. TERQUEM, officier de l'Université, professeur aux Écoles d'Artillerie. 1 gros vol. orné de planches. 3 fr. 50

— **Mécanique appliquée à l'Industrie**, voyez *Technologie mécanique*.

— **Mécanique pratique**, à l'usage des directeurs et contre-maîtres, par M. BERNOUILLI, traduit par VALÉRIUS, 1 vol. 2 fr.

— **Médecine et Chirurgie domestiques**, par M. le docteur MORIN. 1 vol. 3 fr. 50

— **Menuisier, Ébéniste, Layetier, Marqueteur et Sculpteur sur bois**, par M. NOSBAN. 2 vol. avec planches. 7 fr.

— **Menuiserie simplifiée**, à l'usage des amateurs et des apprentis, par M. BOUZIQUE. 1 vol. avec pl. 1 fr. 50

— **Métaux** (Travail des), Fer et Acier manufacturés, par M. VERGNAUD. 2 vol. 6 fr.

— **Métreur et Vérificateur en bâtiments,** ou Traité de l'Art de métrer et de vérifier tous les ouvrages en bâtiments, par M. LEBOSSU, architecte expert.

Première partie. Terrasse et maçonnerie. 1 vol. 2 fr. 50

Deuxième partie. Menuiserie, peinture, tenture, vitrerie, dorure, charpente, serrurerie, couverture, plomberie, marbrerie, carrelage, pavage, poêlerie, etc. 1 vol. 2 fr. 50

Voyez *Toiseur en bâtiments.*

— **Meunier et Constructeur de moulins.** Voyez *Boulanger.*

— **Microscope** (Observateur au), par F. DUJARDIN, 1 vol. avec Atlas de 30 planches. 10 fr. 50

— **Mines** (Exploitation des), par J.-F. BLANC.

1re *partie*, HOUILLE. 1 vol. avec figures. 3 fr. 50

2e *partie*, FER, PLOMB, CUIVRE, ÉTAIN, ARGENT, OR, ZINC, DIAMANT, etc. 1 vol. avec fig. 3 fr. 50

— **Militaire** (Art), à l'usage des Militaires de toutes les armes, par M. VERGNAUD. 1 vol. orné de fig. 3 fr.

— **Minéralogie,** ou Tableau des Substances minérales, par M. HUOT. 2 vol. ornés de fig. 6 fr.

ATLAS DE MINÉRALOGIE, composé de 40 planches représentant la plupart des Minéraux décrits dans l'ouvrage cidessus; fig. noires, 3 fr. — Fig. coloriées. 6 fr.

— **Miniature,** Gouache, Lavis à la Sépia, Aquarelle et Peinture à la cire, par MM. C. VIGUIER, LANGLOIS DE LONGUEVILLE et DUROZIEZ. 1 gros vol. orné de fig. 3 fr.

— **Mollusques** (Histoire Naturelle des) et de leurs coquilles, par M. SANDER-RANG, officier de marine. 1 gros vol. orné de planches. 3 fr. 50

ATLAS POUR LES MOLLUSQUES, représentant les Mollusques nus et les Coquilles. 51 planches, fig. noires. 3 fr. 50

Figures coloriées. 7 fr.

— **Morale,** ou Droits et Devoirs dans la Société. 1 vol. 75 c.

— **Moraliste,** ou Pensées et Maximes instructives pour tous les âges de la vie, par M. TREMBLAY. 2 vol. 5 fr.

— **Mouleur,** ou l'Art de mouler en plâtre, carton, carton-pierre, carton-cuir, cire, plomb, argile, bois, écaille, corne, etc., par M. LEBRUN. 1 vol. orné de fig. 2 fr. 50

— **Mouleur en Médailles,** etc., par M. ROBERT, 1 vol. avec fig. 1 fr. 50

— **Municipaux** (Officiers), voyez *Maires.*

— **Musique,** ou Grammaire contenant les principes de cet Art, par M. Ledh'uy. 1 vol. avec 48 pages de musique. 1 fr. 50

— **Musique Vocale et Instrumentale,** ou Encyclopédie musicale, par M. Choron, ancien directeur de l'Opéra, fondateur du Conservatoire de Musique classique et religieuse, et M. de Lafage, professeur de chant et de composition.

DIVISION DE L'OUVRAGE.

PREMIÈRE PARTIE. — EXÉCUTION.

Livre 1. Connaissances élémentaires. *Sect.* 1. Sons, Notations. — 2. Instruments, exécution.	1 vol. avec Atlas.	5 f. »

DEUXIÈME PARTIE. — COMPOSITION.

Livre 2. De la composition en général, en particulier de la Mélodie. — 3. De l'Harmonie. — 4. Du Contre-Point. — 5. Imitation. — 6. Instrumentation. — 7. Union de la musique avec la parole. — 8. Genres. Musique vocale et instrumentale d'Église, de Chambre et de Théâtre.	3 vol. avec Atlas.	20 »

TROISIÈME PARTIE. — COMPLÉMENT OU ACCESSOIRE.

Théorie physico-mathématique. Institutions. Histoire de la musique. Bibliographie. Résumé général. 2 vol. avec Atlas. 10 fr. 50

SOLFÈGES, MÉTHODES.

Solfège d'Italie.	12 f.	»
— de Rodolphe	4	»
Méthode de violon.	3	»
— d'Alto.	1	»
— de Violoncelle.	4	50
— de Contre-basse.	1	25
— de Flûte.	5	»
— de Hautbois. / — de Cor anglais.	1	75
— de Clarinette.	2	»
Méthode de Cor.	1 f.	50
— de Basson.	»	75
— de Serpent.	1	50
— de Trompette et Trombone.	»	75
— d'Orgue.	3	50
— de Piano.	4	50
— de Harpe.	3	50
— de Guitare.	3	»
— de Flageolet.	2	»

— **Mythologies** grecque, romaine, égyptienne, syrienne, africaine, etc., par M. Dubois. (*Ouvrage autorisé par l'Université.*) 1 vol. 2 fr. 50

— **Nageurs**, Baigneurs, Fabricants d'eaux minérales et des Pédicures, par M. Julia de Fontenelle. 1 vol. 3 fr.

— **Naturaliste-Préparateur**, ou l'Art d'empailler les animaux, de conserver les Végétaux et les Minéraux, de preparer les pièces d'Anatomie et d'embaumer, par M. Boitard. 1 vol. avec fig. 3 fr. 50

— **Navigation**, contenant la manière de se servir de l'Octant et du Sextant, les méthodes usuelles d'astronomie nautique, suivi d'un Supplément contenant les méthodes de calcul exigées des candidats au grade de Maître au cabotage, par M. Giquel, professeur d'hydrographie. 1 vol. orné de fig. 2 fr. 50

— **Navigation intérieure**, à l'usage des Pilotes, Mariniers et Agents, ou devoirs des mariniers et agents employés au service de la navigation intérieure, par M. Beauvalet, inspecteur. 1 vol. 2 fr. 50

— **Négociant d'eau-de-vie**, Liquoriste, Marchand de vin et Distillateur, par MM. Ravon et Malepeyre, 1 vol. 75 c.

— **Notaires**, voyez *Aspirants* aux fonctions de Notaires.

— **Numismatique ancienne**, par M. Barthélemy, ancien élève de l'École des Chartes. 1 gros vol. orné d'un Atlas renfermant 433 figures. 5 fr.

— **Numismatique moderne et du moyen-âge**, par M. Barthélemy. 1 gros vol. orné d'un Atlas renfermant 12 planches. 5 fr.

— **Octrois** et autres impositions indirectes, par M. Biret. 1 vol. 3 fr. 50

— **Oïdium** (Traitement de l'), voyez *Vigne.*

— **Oiseaux de volière**, voyez *Ornithologie domestique.*

— **Oiseleur**, ou Secrets anciens et modernes de la Chasse aux Oiseaux, par M. J. G., 1 vol. orné de fig. 2 fr. 50

— **Onanisme** (Dangers de l'), par M. Doussin-Dubreuil. 1 vol. 1 fr. 25

— **Optique**, ou Traité complet de cette science, par Brewster et Vergnaud. 2 vol. avec fig. 6 fr.

— **Organiste**, ou Nouvelle Méthode pour exécuter sur l'orgue tous les offices de l'année, etc., par M. Miné, organiste à Saint-Roch. 1 vol. oblong. 3 fr. 50

— **Organiste-Praticien**, contenant l'histoire de

l'orgue, sa description, la manière de le jouer, etc., par M. Georges SCHMITT, organiste de Saint-Sulpice. 1 vol. orné de figures et de musique. 2 fr. 50

— **Orgues** (Facteur d'), contenant le travail de DOM BÉDOS, etc., etc., par M. HAMEL, juge à Beauvais. 3 vol. avec un grand Atlas. 18 fr.

— **Ornementiste**, voyez *Décorateur*.

— **Ornithologie**, ou Description des genres et des principales espèces d'oiseaux, par M. LESSON, correspondant de l'Institut. 2 gros vol. 7 fr.

ATLAS D'ORNITHOLOGIE, composé de 129 planches représentant les oiseaux décrits dans l'ouvrage ci-dessus; figures noires, 10 fr.; figures coloriées. 20 fr.

— **Ornithologie domestique**, ou Guide de l'Amateur des oiseaux de volière, par M. LESSON, correspondant de l'Institut. 1 vol. 2 fr. 50

— **Orthographiste**, ou Cours théorique et pratique d'Orthographe, par M. TRÉMERY. 1 vol. 2 fr. 50

— **Paléontologie**, ou des Lois de l'organisation des êtres vivants comparées à celles qu'ont suivies les Espèces fossiles et humatiles dans leur apparition successive; par M. MARCEL DE SERRES, professeur à la Faculté des Sciences de Montpellier. 2 vol. avec Atlas. 7 fr.

— **Papetier et Régleur** (Marchand), par MM. JULIA DE FONTENELLE et POISSON. 1 gros vol. avec pl. 3 fr. 50

— **Papiers** (Fabricant de), Carton et Art du Formaire, par M. LENORMAND. 2 vol. et Atlas. 10 fr. 50

— **Papiers de Fantaisie** (Fabricant de), Papiers marbrés, jaspés, maroquinés, gaufrés, dorés, etc.; Peau d'âne factice, Papiers métalliques; Cire et Pains à cacheter, Crayons, etc., etc., par M. FICHTENBERG. 1 vol. orné de modèles de papiers. 3 fr.

— **Papiers peints** (Fabricant de), voyez *Étoffes imprimées*.

— **Parfumeur**, contenant une foule de procédés nouveaux, employés en France, en Angleterre et en Amérique, à l'usage des chimistes-fabricants et des ménages, par MM. PRADAL et F. MALEPEYRE. 1 vol. orné de vignettes imprimées dans le texte. 3 fr.

— **Patinage** et Récréations sur la Glace, par M. PAULIN-DÉSORMEAUX. 1 vol. orné de 4 planches. 1 fr. 25

— **Pâtissier et Pâtissière**, ou Traité complet et simplifié de Pâtisserie de ménage, de boutique et d'hôtel, par M. LEBLANC. 1 volume. 2 fr. 50

— **Paveur et Carreleur**, voyez *Maçon*.

— **Pêcheur,** ou Traité général de toutes sortes de pêches, tant d'eau douce que de mer, par MM. PESSON-MAISONNEUVE et MORICEAU. 1 joli volume orné de planches. 3 fr.

— **Pêcheur-Praticien,** ou les Secrets et Mystères de la Pêche à la ligne dévoilés, par M. LAMBERT, amateur; suivi de l'Art de faire des filets. 1 joli vol. orné de fig. 1 fr. 75

On vend séparément : DROITS DES PÊCHEURS, ou définition de la ligne flottante permise sans payer; brochure in-18. 25 c. (*Extr. de l'ouvrage précédent.*)

— **Peintre d'histoire et Sculpteur,** ouvrage dans lequel on traite de la philosophie de l'Art et des moyens pratiques, par M. ARSENNE, peintre. 1 vol. 3 fr. 50

— **Peintre d'histoire naturelle,** contenant des notions générales sur le dessin, le clair-obscur, l'effet des couleurs naturelles et artificielles, les divers genres de peintures, etc., par M. DUMÉNIL. 1 vol. orné de figures. 3 fr.

— **Peinture à l'Aquarelle** (Cours de), par M. P. D. 1 vol. orné de planches coloriées. 1 fr. 75

— **Peintre en Bâtiments,** Vitrier, Doreur, Argenteur et Vernisseur, par MM. RIFFAULT, VERGNAUD et TOUSSAINT. 1 vol. orné de fig. 3 fr.

— **Peinture et Fabrication des Couleurs,** ou Traité des diverses Peintures, à l'usage des deux sexes, par M. Joseph PANIER, élève et successeur de M. LAMBERTYE, fabricant de couleurs fines, etc. 1 vol. 1 fr. 50

— **Peinture sur Verre, sur Porcelaine et sur Émail,** contenant la Théorie des émaux, etc., par M. REBOULLEAU. 1 vol. avec fig. 2 fr. 50

— **Perspective,** Dessinateur et Peintre, par M. VERGNAUD, chef d'escadron d'artillerie. 1 vol. orné d'un grand nombre de planches. 3 fr.

— **Petit-Four,** voyez *Confiseur*, *Pâtissier*.

— **Pharmacie Populaire,** simplifiée et mise à la portée de toutes les classes de la société, par M. JULIA DE FONTENELLE. 2 vol. 6 fr.

— **Philosophie expérimentale,** à l'usage des collèges et des gens du monde, par M. AMICE, régent dans l'Académie de Paris. 1 gros vol. 3 fr. 50

— **Photographie** sur Métal, sur Papier et sur Verre, contenant toutes les découvertes les plus récentes dans la Daguerréotypie, par M. DE VALICOURT. 2 vol. ornés de fig. 6 fr.

— **Photographe** (Guide du), ou l'Art pratique et théorique de faire des Portraits sur Verre, Papier, Métal, etc., etc., au moyen de l'action de la lumière, par MM. J. SELLA et DE VALICOURT. 1 gros vol. 3 fr. 50

— **Photographie** (Répertoire de), par M. DE LATREILLE. 1 gros vol. 3 fr. 50

— **Photographie** (Simplifiée) sur Verre et sur Papier, par M. DE VALICOURT. 1 gros volume. 1 fr. 50

— **Physiologie végétale**, Physique, Chimie et Mineralogie appliquées à la culture, par M. BOITARD. 1 vol. orné de planches. 3 fr.

— **Physionomiste et Phrénologiste**, ou les Caractères dévoilés par les signes extérieurs, d'après Lavater, par MM. H. CHAUSSIER fils et le docteur MORIN. 1 vol. avec figures. 3 fr.

— **Physionomiste des Dames**, d'après Lavater, par un Amateur. 1 vol. avec figures. 3 fr.

— **Physicien-Préparateur**, ou nouvelle Description d'un cabinet de Physique, par MM. Ch. CHEVALIER et le docteur FAU. 2 gros vol. avec un Atlas de 88 pl. 15 fr.

— **Physique appliquée aux Arts et Métiers**, principalement à la construction des Fourneaux, des Calorifères, des Machines à vapeur, des Pompes, l'Art du Fumiste, l'Opticien, Distillateur, Sècheries, Artillerie à vapeur, Éclairage, Bélier et Presse hydrauliques, Aréomètres, Lampe à niveau constant, etc., par MM. GUILLOUD et TERRIEN. 1 vol. orné de figures. 3 fr. 50

— **Physique amusante** ou Nouvelles récréations physiques, par MM. J. DE FONTENELLE et F. MALEPEYRE. 1 gros vol. orné de planches. 3 fr. 50

— **Plain-Chant Ecclésiastique**, romain et français, par M. MINÉ, organiste à St-Roch. 1 volume. 2 fr. 50

— **Plâtrier**, voyez *Maçon*.

— **Plombier**, voyez *Mécanicien-Fontainier*.

— **Poêlier-Fumiste**, indiquant les moyens d'empêcher les cheminées de fumer, de chauffer économiquement et d'aérer les habitations, les ateliers, etc., par MM. ARDENNI et JULIA DE FONTENELLE. 1 volume. 3 fr. 50

— **Poids et Mesures**, Monnaies, Calcul décimal et Vérification, par M. TARBÉ, conseiller à la Cour de Cassation ; *approuvé par le Ministre du Commerce, l'Université, la Société d'Encouragement, etc.* 1 volume. 3 fr.

PETIT MANUEL classique pour l'enseignement élémentaire, sans Tables de conversions, par M. TARBÉ (*Autorisé par l'Université*). 25 c.

PETIT MANUEL à l'usage des Ouvriers et des Écoles, avec Tables de conversions, par M. TARBÉ. 25 c.

PETIT MANUEL à l'usage des Agents Forestiers, des Propriétaires et Marchands de bois, par M. TARBÉ. 75 c.

POIDS ET MESURES à l'usage des Médecins, etc., par M. TARBÉ. 25 c.

TABLEAU SYNOPTYQUE DES POIDS ET MESURES, par M. TARBÉ. 75 c.

TABLEAU FIGURATIF DES POIDS ET MESURES, par M. TARBÉ. 75 c.

— **Poids et Mesures,** Comptes-faits ou Barême général des Poids et Mesures, par M. ACHILLE NOUHEN. *Ouvrage divisé en cinq parties qui se vendent toutes séparément.*

1re partie : Mesures de LONGUEUR. 60 c.
2e partie, — de SURFACE. 60 c.
3e partie, — de SOLIDITÉ. 60 c.
4e partie, Mesures POIDS. 60 c.
5e partie, — de CAPACITÉ. 60 c.

— **Poids et Mesures** (Barême complet des), par M. BAGILET. 1 vol. 3 fr.

— **Poids et Mesures** (Fabrication des), contenant en général tout ce qui concerne les Arts du Balancier et du Potier d'étain, et seulement ce qui est relatif à la Fabrication des Poids et Mesures dans les Arts du Fondeur, du Ferblantier, du Boisselier, par M. RAVON, ancien vérificateur au bureau central des Poids et Mesures. 1 vol orné de figures. 3 fr

— **Police de la France,** par M. TRUY, commissaire de police à Paris. 1 vol. 2 fr. 50

— **Politesse** (Guide de la), voyez *Bonne Compagnie.*

— **Pompier** (Fabricant de pompes), voyez *Mécanicien-Fontainier.*

— **Ponts-et-Chaussées :** *Première partie,* ROUTES et CHEMINS, par M. DE GAYFFIER, ingénieur des Ponts-et-Chaussées. 1 vol. avec fig. 3 fr. 50

— *Seconde partie,* PONTS, AQUEDUCS, etc., par M. DE GAYFFIER. 1 vol. avec fig. 3 fr. 50

— *Troisième partie,* MOTEURS HYDRAULIQUES, par M. GENTILHOMME, architecte. (*Sous presse.*)

— **Porcelainier,** Faïencier, Potier de terre, Briquetier et Tuilier, contenant des notions pratiques sur la fabrication des Porcelaines, des Faïences, des Pipes, Poêles, des Briques, Tuiles et Carreaux, par M. BOYER. Nouvelle édition très-augmentée, par M. B... 2 vol. ornés de planches. 6 fr.

— **Praticien,** ou Traité de la Science du Droit, mise à la portée de tout le monde, par MM. D... et RONDONNEAU. 1 gros vol. 3 fr. 50

— **Prestidigitation,** voyez *Sorcellerie.*

— **Produits chimiques** (Fabricant de), formant un Traité de Chimie appliquée aux arts, à l'industrie et à la médecine, et comprenant la description de tous les procédés et de tous les appareils en usage dans les laboratoires de chimie industrielle, par M. G.-E. LORMÉ. 4 gros volumes et Atlas de 16 planches in-8 jésus. 18 fr.

— **Propriétaire et Locataire,** ou Sous-Locataire, tant des biens de ville que des biens ruraux, par M. SERGENT. 1 vol. 2 fr. 50

— **Relieur** dans toutes ses parties, contenant les Arts d'assembler, de satiner, de brocher et de dorer, par M. Séb. LENORMAND et M. R. 1 gros vol. orné de planches. 3 fr.

— **Roses** (Amateur de), leur Monographie, leur Histoire et leur culture, par M. BOITARD. 1 vol. fig. noires, 3 fr. 50; — fig. coloriées. 7 fr.

— **Sapeur-Pompier,** ou Théorie sur l'extinction des Incendies, par M. PAULIN, ancien commandant des Sapeurs-Pompiers de Paris. 1 vol. 1 fr. 50

— **Sapeur-Pompier,** ouvrage composé par le corps des officiers formant l'état-major, *publié par ordre du Ministre de la Guerre.* 1 joli vol. renfermant une foule de gravures sur bois imprimées dans le texte, suivi d'un *Questionnaire*, traitant de toutes les matières contenues dans le Manuel par demandes et réponses. 3 fr.

— **Sapeurs-Pompiers** (Théorie des), extrait du Manuel du Sapeur-Pompier, *imprimé par ordre du Ministre de la Guerre.* 75 c.

— **Savonnier,** ou Traité de la Fabrication des Savons, contenant des notions sur les Alcalis, les corps gras saponifiables, et des Instructions sur la Fabrication des Savons, par M. E. LORMÉ. 1 vol. avec fig. 3 fr. 50

— **Sculpteur sur bois,** voyez *Menuisier.*

— **Serrurier,** ou Traité complet et simplifié de cet Art, par MM. B. et G., serruriers, et PAULIN-DÉSORMEAUX. 1 vol. orné de planches. 3 fr. 50

— **Sirops,** voyez *Confiseur, Distillateur, Liquides.*

— **Soierie,** contenant l'Art d'élever les Vers à soie et de cultiver le Mûrier; l'Histoire, la Géographie et la Fabrication des Soieries, à Lyon, ainsi que dans les autres localités nationales et étrangères, par M. DEVILLIERS. 2 vol. et Atlas. 10 fr. 50

— **Sommelier,** ou la Manière de soigner les Vins, de prévenir leur altération et de les rétablir, par MM. A. et C. E. JULLIEN. 1 volume avec figures. 3 fr.

— **Sondeur,** voyez *Mécanicien-Fontainier.*

— **Sorcellerie Ancienne et Moderne expliquée,** ou Cours de Prestidigitation, contenant tous les Tours nouveaux qui ont été exécutés jusqu'à ce jour, sur les théâtres ou ailleurs, et qui n'ont pas encore été publiés, etc., par M. Ponsin. 1 gros vol. 3 fr. 50

— Supplément a la Sorcellerie expliquée, par M. Ponsin. 1 vol. 1 fr. 25

— **Sorciers,** ou la Magie blanche dévoilée par les découvertes de la Chimie, de la Physique et de la Mécanique, par MM. Comte et Julia de Fontenelle. 1 gros vol. orné de planches. 3 fr.

— **Soufflerie,** voyez *Forgeron, Tonnelier.*

— **Souffleur à la Lampe et au Chalumeau,** par M. Pédroni, professeur de chimie. 1 volume orné de figures. 2 fr. 50

— **Sucre** (Fabricant de) **et Raffineur,** par MM. Blachette, Zoéga et Julia de Fontenelle. 1 vol. orné de figures. 3 fr. 50

— **Sténographie,** ou l'Art de suivre la parole en écrivant, par M. H. Prévost. 1 vol. 1 fr. 75

— **Tabac** (Fabricant et Amateur de), contenant son Histoire, sa Culture et sa Fabrication, par P. Ch. Joubert. 1 vol. 2 fr. 50

— **Taille-Douce** (Imprimeur en), par MM. Berthiaud et Boitard. 1 vol. avec fig. 3 fr.

— **Tailleur d'Habits,** contenant la manière de tracer, couper et confectionner les Vêtements, par M. Vandael, tailleur. 1 vol. orné de planches. 2 fr. 50

— **Tanneur,** Corroyeur, Hongroyeur et Boyaudier, par M. Julia de Fontenelle. 1 vol. avec fig. 3 fr. 50

— **Tapissier,** Décorateur et marchand de Meubles, par M. Garnier Audiger, ancien vérificateur du Garde-Meuble de la Couronne. 1 vol. orné de fig. 2 fr. 50

— **Technologie physique et mécanique,** ou Formulaire à l'usage des Ingénieurs, des Architectes, des Constructeurs et des Chefs d'usines, par M. Ansiaux, ingénieur. 1 vol. 3 fr.

— **Télégraphe Électrique,** ou Traité de l'Électricité et du Magnétisme appliqués à la transmission des signaux, par MM. Walker et Magnier, 1 vol. orné de figures. 1 fr. 75

— **Teneur de Livres,** renfermant un Cours de tenue de Livres en partie simple et en partie double, par MM. Trémery et Aug. Terrière (*Ouvrage autorisé par l'Université*). 1 vol. 3 fr.

— **Teinturier**, contenant l'Art de Teindre en Laine, Soie, Coton, Fil, etc., par M. VERGNAUD. 1 gros vol. avec figures. 3 fr. 50

— **Teinturier** (SUPPLÉMENT), contenant les Formules d'après les méthodes parisienne, rouennaise, alsacienne et allemandes, pour teindre le coton et la laine, par M. L. ULRICH. 1 vol. 1 fr. 75

— **Terrassier**, par MM. ÉTIENNE et MASSON. 1 vol. orné de 20 planches. 3 fr. 50

— **Théâtral** et du Comédien, contenant les principes sur l'Art de la parole, par Aristippe BERNIER DE MALIGNY. 1 vol. 3 fr. 50

— **Tisserand**, ou Description des procédés et machines employés pour les divers tissages, par MM. LORENTZ et JULLIEN. 1 vol. orné de fig. 3 fr. 50

— **Tissus** (Dessin et Fabrication des) façonnés, tels que Draps, Velours, Ruban, Gilet, Coutil, Châle, Passementerie, Gazes, Barrèges, Tulle, Peluche, Damassé, Mousseline, etc., par M. TOUSTAIN. 2 vol. et Atlas in-4 de 26 pl. 15 fr.

— **Toiseur en Bâtiment**; 1re *partie* : Terrasse et Maçonnerie, par M. LEBOSSU, architecte-expert. 1 vol. avec figures. 2 fr. 50

— *Deuxième partie :* Menuiserie, Peinture, Tenture, Vitrerie, Dorure, Charpente, Serrurerie, Couverture, Plomberie, Marbrerie, Carrelage, Pavage, Poêlerie, Fumisterie, etc., par M. LEBOSSU. 1 vol. 2 fr. 50

Voyez *Métreur en Bâtiments*.

— **Tonnelier et Boisselier**, suivi de l'Art de faire les Cribles, Tamis, Soufflets, Formes et Sabots, par M. DÉSORMEAUX. 1 vol. avec fig. 3 fr.

— **Tourneur**, ou Traité complet et simplifié de cet Art, d'après les renseignements de plusieurs Tourneurs de la capitale, par M. DE VALICOURT. 2 vol. avec un Atlas in-4 de 29 planches. 12 fr.

— **Toxicologie**, voyez *Contre-poisons*.

— **Treillageur et Menuisier des Jardins**, par M. DÉSORMEAUX. 1 vol. avec planches. 3 fr.

— **Typographie, Imprimerie**, par MM. FREY et BOUCHEZ. 2 vol. avec planches. 6 fr.

On vend séparément les SIGNES DE CORRECTION ; 1 planche. 75 c.

— **Vernis** (Fabricant de), voyez *Couleurs*.

— **Verrier et Fabricant de Glaces**, Cristaux, Pierres précieuses factices, Verres coloriés, Yeux artificiels, par MM. JULIA DE FONTENELLE et MALEPEYRE. 2 vol. ornés de planches. 6 fr.

— **Vers à soie** (Education des), voyez *Soierie*.

— **Vétérinaire**, contenant la connaissance des chevaux, la manière de les élever, les dresser et les conduire; la Description de leurs maladies, les meilleurs modes de traitement, etc., par M. LEBEAU et un ancien professeur d'Alfort. 1 vol. avec planches. 3 fr.

— **Vins de Fruits** (Fabrication des), contenant l'Art de faire le Cidre, le Poiré, les Boissons rafraîchissantes, Bières économiques, Vins de Grains, de Liqueurs, Hydromels, etc., par MM. ACCUM, GUIL.... et MALEPEYRE. 1 vol. orné de figures. 1 fr. 80

— **Vigne** (CULTURE ET TRAITEMENT DE LA), ou Guide du Vigneron et de l'Amateur de Treilles, indiquant, mois par mois, les travaux à faire dans le vignoble et sur les treilles des jardins; la manière de planter, gouverner et dresser la vigne d'après toutes les méthodes en usage en France, et de la guérir de ses Maladies par les moyens reconnus les plus efficaces, par M. F.-V. LEBEUF. 1 vol. orné de vignettes. 2 f. 50

— **Vigneron Français**, ou l'Art de cultiver la Vigne, de faire les Vins, les Eaux-de-Vie et Vinaigres, par M. THIÉBAUT DE BERNEAUD. 1 volume avec un Atlas.
Fig. noires. 3 fr. 50
Fig. coloriées. 5 fr.

— **Vinaigrier et Moutardier**, par M. JULIA DE FONTENELLE. 1 vol. avec planches 3 fr.

— **Vins** (Calendrier des), ou Instructions à exécuter mois par mois, pour conserver, améliorer ou guérir les Vins. (*Ouvrage destiné aux Garçons de caves et de celliers, et aux Maîtres de Chais, faisant suite à l'Amélioration des Liquides*), par M. V.-F. LEBEUF. 1 joli vol. 1 fr. 25

— **Vins** (Marchand de), débitants de Boissons et Jaugeage, par M. LAUDIER. 1 vol. avec planches. 3 fr. 50

— **Vins**, voyez *Liquides, Sommelier, Négociant d'eau-de-vie*.

— **Vins mousseux**, voyez *Eaux et Boissons Gazeuses*.

— **Zoophile**, ou l'Art d'élever et de soigner les animaux domestiques, voyez *Bouvier*. 1 vol. 2 fr. 50

BELLE ÉDITION, FORMAT IN-OCTAVO.

SUITES A BUFFON

FORMANT

AVEC LES ŒUVRES DE CET AUTEUR

UN COURS COMPLET

D'HISTOIRE NATURELLE

embrassant

LES TROIS RÈGNES DE LA NATURE.

Les possesseurs des Œuvres de BUFFON pourront, avec ces suites, compléter toutes les parties qui leur manquent, chaque ouvrage se vendant séparément, et formant, tous réunis, avec les travaux de cet homme illustre, un ouvrage général sur l'histoire naturelle.

Cette publication scientifique, du plus haut intérêt, préparée en silence depuis plusieurs années, et confiée à ce que l'Institut et le haut enseignement possèdent de plus célèbres naturalistes et de plus habiles écrivains, est appelée à faire époque dans les annales du monde savant.

Les noms des Auteurs indiqués ci-après, sont, pour le public, une garantie certaine de la conscience et du talent apportés à la rédaction des différents traités.

Zoologie Générale (Supplément à Buffon), ou Mémoires et notices sur la zoologie, l'anthropologie et l'histoire de la science, par M. Isidore Geoffroy-Saint-Hilaire. 1 vol. avec Atlas.
Prix : fig. noires. 9 fr. 50
Fig. coloriées. 12 fr. 50

Cétacés, Baleines, Dauphins, etc.), ou Recueil et examen des faits dont se compose l'histoire de ces animaux, par M. F. Cuvier, membre de l'Institut, professeur au Muséum d'Histoire naturelle, etc. 1 vol. in-8 avec 22 planches (*Ouvrage terminé*), figures noires. 12 fr. 50
Fig. coloriées. 18 fr. 50

Reptiles, (Serpents, Lézards, Grenouilles, Tortues, etc.), par M. Duméril, membre de l'Institut, professeur à la faculté de

Médecine et au Muséum d'Histoire naturelle, et M. Bibron, professeur d'Histoire naturelle, 10 vol. et 10 livraisons de planches, fig. noires. 95 fr.
Fig. coloriées. 125 fr.
(*Ouvrage terminé.*)

Poissons, par M. A.-Aug. Duméril, professeur au Muséum d'Histoire naturelle, professeur agrégé libre à la Faculté de Médecine de Paris.

Entomologie (Introduction à l'), comprenant les principes généraux de l'Anatomie, de la Physiologie des Insectes, des détails sur leurs mœurs, et un résumé des principaux systèmes de classification, etc., par M. Lacordaire, recteur de l'Université de Liège (*Ouvrage terminé, adopté et recommandé par l'Université pour être placé dans les bibliothèques des Facultés et des Collèges, et donné en prix aux élèves*). 2 vol. in-8 et 24 planches, fig. noires. 19 fr.
Fig. coloriées. 22 fr.

Insectes Coléoptères (Cantharides, Charançons, Hannetons, Scarabées, etc.), par M. Lacordaire, recteur à l'Université de Liège. Tomes I à VI (en 7 vol.), avec 6 livraisons de planches.
Fig. noires. 63 fr. 50
Fig. coloriées. 81 fr. 50

— **Orthoptères** (Grillons, Criquets, Sauterelles), par M. Serville, ex-président de la Société entomologique de France. 1 vol. et 14 pl. (*Ouvrage terminé*).
Fig. noires. 9 fr. 50
Fig. coloriées. 12 fr. 50

— **Hémiptères** (Cigales, Punaises, Cochenilles, etc.), par MM. Amyot et Serville, 1 vol. et une livraison de pl. (*Ouvrage terminé*). Fig. noires. 9 fr. 50
Fig. coloriées. 12 fr. 50

— **Lépidoptères** (Papillons).

— Diurnes, par M. Boisduval, t. 1er, avec 2 livr. de pl.
Fig. noires. 12 fr. 50
Fig. coloriées. 18 fr. 50

— Nocturnes, par M. Guénée, t. V à X, avec 5 livr. de pl. Fig. noires. 54 fr.
Fig. coloriées. 69 fr.

— **Névroptères** (Demoiselles, Ephémères, etc.), par M. le docteur Rambur, 1 vol. avec une livraison de planches. (*Ouvrage terminé.*) Fig. noires 9 fr. 50
Fig. coloriées. 12 fr. 50

— **Hyménoptères** (Abeilles, Guêpes, Fourmis, etc.), par M. le comte Lepeletier de Saint-Fargeau et M. Brullé; 4 vol. avec 4 livraisons de planches (*Ouv. terminé*). Fig. noires. 38 fr.
Fig. coloriées. 50 fr.

— **Diptères** (Mouches, Cousins, etc.), par M. Macquart, directeur du Muséum d'Histoire naturelle de Lille; 2 vol. et 24 planches. (*Ouv. terminé.*) Fig. noires. 19 fr.
Fig. coloriées. 25 fr.

— **Aptères** (Araignées, Scorpions, etc.), par M. Walckenaer et le docteur Gervais; 4 vol. avec 5 cahiers de pl. (*Ouv. terminé.*)
Fig. noires. 41 fr.
Fig. coloriées 56 fr.

Crustacés (Écrevisses, Homards, Crabes, etc.), comprenant l'Anatomie, la Physiologie et la Classification de ces animaux, par M. Milne-Edwards, membre de l'Institut, etc. (*Ouv. terminé*), 3 vol. avec 4 livraisons de planches. Fig. noires. 31 fr. 50
Fig. coloriées. 43 fr. 50

Mollusques (Moules, Huîtres, Escargots, Limaces, Coquilles, etc.), par M. Gervais, doyen de la Faculté des Sciences de Montpellier.

Helminthes, ou Vers intestinaux, par M. Dujardin, de la Faculté des Sciences de Rennes. 1 vol. avec une livraison de pl. (*Ouvrage terminé*). Prix : fig. noires. 9 fr. 50
Fig. coloriées. 12 fr. 50

Annélides (Sangsues, etc.), par M. de Quatrefages, membre de l'Institut, professeur au Muséum d'Histoire naturelle.

Zoophytes Acalèphes (Physale, Béroé, Angèle, etc.) par M. Lesson, correspondant de l'Institut, pharmacien en chef de la Marine, à Rochefort, 1 vol. avec 1 livraison de planch. (*Ouv. terminé*). Fig. noires. 9 fr. 50
Fig. coloriées. 12 fr. 50

— **Échinodermes** (Oursins, Palmettes, etc.), par MM. Dujardin, doyen de la Faculté des Sciences de Rennes, et Hupé, aide-naturaliste. (*Ouvrage terminé*). 1 vol. avec une livraison de planches.
Fig. noires. 9 fr. 50
Fig. coloriées. 12 fr. 50

— **Coralliaires** ou Polypes proprement dits (Coraux, Gorgones, Eponges, etc.), par MM. Milne-Edwards et J. Haime, 3 vol. avec 3 livr. de pl. (*Ouv. terminé.*) Fig. noires. 28 fr. 50
Fig. coloriées. 37 fr. 50

— **Infusoires** (Animalcules microscopiques), par M. Dujardin, doyen de la Faculté des Sciences, à Rennes, 1 vol. avec 2 livraisons de pl. (*Ouvrage terminé*). Fig. noires. 12 fr. 50
Fig. coloriées. 18 fr. 50

Botanique (Introduction à l'étude de la), ou Traité élémentaire de cette science, contenant l'Organographie, la Physiologie, etc., par Alph. de Candolle, professeur d'Histoire naturelle à Genève (*Ouvrage terminé, autorisé par l'Université pour les colléges royaux et communaux*). 2 vol. et 8 planches. 16 fr.

Végétaux phanérogames (Organes sexuels apparents, Arbres, Arbrisseaux, Plantes d'agrément, etc.) par M. SPACH, aide-naturaliste au Muséum d'Histoire naturelle. 14 vol. et 15 livr. de pl. (*Ouvrage terminé.*) Fig. noires 136 fr. Fig. coloriées. 181 fr.

— **Cryptogames** (Organes sexuels peu apparents ou cachés, Mousses, Fougères, Lichens, Champignons, Truffes, etc.).

Géologie (Histoire, Formation et Disposition des Matériaux qui composent l'écorce du Globe terrestre), par M. HUOT, membre de plusieurs Sociétés savantes. 2 vol. ensemble de plus de 1500 pages, avec un Atlas de 24 pl. (*Ouv. terminé.*) 19 fr.

Minéralogie (Pierres, Sels, Métaux, etc.), par M. DELAFOSSE, membre de l'Institut, professeur au Muséum d'Histoire naturelle et à la Sorbonne. (*Ouvrage terminé*). 3 vol. et 4 livraisons de planches. 31 fr. 50

CONDITIONS DE LA SOUSCRIPTION.

Les SUITES à BUFFON formeront cent volumes in-8 environ, imprimés avec le plus grand soin et sur beau papier; ce nombre paraît suffisant pour donner à cet ensemble toute l'étendue convenable. Ainsi qu'il a été dit précédemment, chaque auteur s'occupant depuis longtemps de la partie qui lui est confiée, l'Editeur sera à même de publier en peu de temps la totalité des traités dont se composera cette utile collection.

72 volumes sont en vente, avec 76 livraisons de planches.

Les personnes qui voudront souscrire pour toute la Collection auront la liberté de prendre par portion jusqu'à ce qu'elles soient au courant de tout ce qui a paru.

POUR LES SOUSCRIPTEURS A TOUTE LA COLLECTION

Prix du texte, chaque volume (1) d'environ 500 à 700 pages. 5 fr. 50

Prix de chaque livraison d'environ 10 pl. noires. 3 fr.

— coloriées. 6 fr.

Nota. Les personnes qui souscriront pour des parties séparées, paieront chaque volume 6 fr. 50. Le prix des volumes papier vélin sera double du papier ordinaire.

(1) L'Editeur ayant à payer pour cette collection des honoraires aux auteurs, le prix des volumes ne peut être comparé à celui des réimpressions d'ouvrages appartenant au domaine public et exempts de droits d'auteurs, tels que Buffon, Voltaire, etc.

ANCIENNE COLLECTION

DES

SUITES A BUFFON

FORMAT IN-18

Formant avec les œuvres de cet Auteur

UN

COURS COMPLET D'HISTOIRE NATURELLE

CONTENANT

LES TROIS RÈGNES DE LA NATURE

Par Messieurs

BOSC, BRONGNIART, BLOCH, CASTEL, GUÉRIN, DE LAMARCK, LATREILLE, DE MIRBEL, PATRIN, SONNINI et DE TIGNY,

La plupart Membres de l'Institut et Professeurs au Jardin des Plantes.

Cette Collection, primitivement publiée par les soins de M. Déterville, et qui est devenue la propriété de M. Roret, ne peut être donnée par d'autres éditeurs, n'étant pas, comme les Œuvres de Buffon, dans le domaine public.

Histoire naturelle des Insectes, composée d'après Réaumur, Geoffroy, Degeer, Roesel, Linné, Fabricius, et les meilleurs ouvrages qui ont paru sur cette partie, rédigée suivant les méthodes d'Olivier, de Latreille, avec des notes, plusieurs observations nouvelles et les figures dessinées d'après nature : par F.-M.-G. DE TIGNY et BRONGNIART, pour les généralités. Edition ornée de beaucoup de figures, augmentée et mise au niveau des connaissances actuelles, par M. GUÉRIN. 10 vol. ornés de planches, fig. noires. 23 fr. 40

Le même ouvrage, figures coloriées. 39 fr.

— des Végétaux classés par familles, avec la citation de la classe et de l'ordre de Linné, et l'indication de l'usage qu'on peut faire des plantes dans les arts, le commerce, l'agriculture, le jardinage, la médecine, etc. ; des figures dessinées d'après nature, et un GENERA complet, selon le système de Linné, avec des renvois aux familles naturelles de Jussieu; par J.-B. LAMARCK, membre de l'Institut, professeur au Muséum d'Histoire naturelle, et par C.-F.-B. DE MIRBEL, membre de l'Académie des Sciences, professeur de botanique. Edition ornée de 120 planches représentant plus de 1600 sujets. 15 volumes ornés de planches, fig. noires. 30 fr. 90

Le même ouvrage, figures coloriées. 46 fr. 50

Histoire naturelle des Coquilles, contenant leur description, leurs mœurs et leurs usages, par M. Bosc, membre de l'Institut. 5 vol. ornés de pl. Fig. noires 10 fr. 65

Le même ouvrage, fig. coloriées. 16 fr. 50

— **des Vers,** contenant leur description, leurs mœurs et leurs usages, par M. Bosc. 3 vol. ornés de planches, fig. noires. 6 fr. 50

Le même ouvrage, fig. coloriées. 10 fr. 50

— **des Crustacés,** contenant leur description, leurs mœurs et leurs usages, par M. Bosc. 2 vol. ornés de planches, figures noires. 4 fr. 75

Le même ouvrage, fig. coloriées. 8 fr.

— **des Minéraux,** par M. E.-M. PATRIN, membre de l'Institut. Ouvr. orné de 40 planches, représentant un grand nombre de sujets dessinés d'après nature. 5 vol. ornés de planches, figures noires. 10 fr. 50

Le même ouvrage, fig. coloriées. 16 fr. 50

— **des Poissons,** avec des figures dessinées d'après nature, par BLOCK. Ouvrage classé par ordres, genres et espèces, d'après le système de Linné, avec les caractères génériques, par RÉNÉ RICHARD CASTEL. Edition ornée de 160 planches représentant 600 espèces de poissons. 10 volumes. 26 fr. 20

Avec figures coloriées. 47 fr.

— **des Reptiles,** avec des figures dessinées d'après nature, par SONNINI, homme de lettres et naturaliste, et LATREILLE, membre de l'Institut. Edition ornée de 54 planches, représentant environ 150 espèces différentes de serpents, vipères, couleuvres, lézards, grenouilles, tortues, etc. 4 vol. avec planches, fig. noires. 9 fr. 85

Le même ouvrage, figures coloriées. 17 fr.

Cette collection de 54 volumes a été annoncée en 108 demi-volumes ; on les enverra brochés de cette manière aux personnes qui en feront la demande.

HISTOIRE NATURELLE.

Annales (Nouvelles) du Muséum d'Histoire naturelle, recueil de mémoires de MM. les professeurs administrateurs de cet établissement, et autres naturalistes célèbres, sur les branches des sciences naturelles et chimiques qui y sont enseignées. Années 1832 à 1835, 4 vol. in-4. Prix : 30 fr. chaque volume.

Voyez *Mémoires de la Société d'Histoire naturelle de Paris*, page 43.

Aperçu sur les animaux utiles et nuisibles de la Belgique, par M. DE SÉLYS-LONGCHAMPS. 2 fr.

Arbres et arbrisseaux (Les) d'Europe et leurs insectes, par MACQUART, in-8. 6 fr.

Botanique (La), de J.-J. ROUSSEAU, contenant tout ce qu'il a écrit sur cette science, augmentée de l'exposition de la méthode de Tournefort et de Linné, suivie d'un Dictionnaire de botanique et de notes historiques ; par M. DEVILLE, 2e édit., 1 gros vol. in-12, orné de 8 planches. 4 fr.

Figures coloriées. 5 fr.

Botanographie Belgique, ou Flore du nord de la France et de la Belgique proprement dite, par TH. LESTIBOUDOIS. 2 vol. in-8. 14 fr.

Botanographie élémentaire, ou Principes de Botanique, d'Anatomie et de Physiologie végétale, par TH. LESTIBOUDOIS. in-8. 7 fr.

Botanographie universelle, ou Tableau général des Végétaux, par TH. LESTIBOUDOIS. 2 vol. in-8. 10 fr.

Catalogue des Lépidoptères, ou Papillons de la Belgique, précédé du tableau des Libellulides de ce pays, par M. DE SÉLYS-LONGCHAMPS. In-8. 2 fr.

Catalogue raisonné des Plantes phanérogames de Maine-et-Loire, par M. A. BOREAU, auteur de la Flore du centre de la France. 1 vol. in-8. 3 fr.

Collection iconographique et historique des Chenilles, ou Description et figures des chenilles d'Europe, avec l'histoire de leurs métamorphoses, et des applications à l'agriculture, par MM. BOISDUVAL, RAMBUR et GRASLIN.

Cette collection se compose de 42 livraisons, format grand in-8, papier vélin ; chaque livraison comprend *trois plan-*

ches coloriées et le texte correspondant. Le prix de chaque livraison est de 3 fr.

L'ouvrage complet 100 fr.

Les dessins des espèces qui habitent les environs de Paris, comme aussi ceux des chenilles que l'on a envoyées vivantes à l'auteur, ont été exécutés avec autant de précision que de talent. Le texte est imprimé sans pagination ; chaque espèce aura une page séparée, que l'on pourra classer comme on voudra. Au commencement de chaque page se trouvera le même numéro qu'à la figure qui s'y rapportera, et en titre le nom de la tribu, comme en tête de la planche.

Cet ouvrage, avec l'Icones des Lépidoptères de M. Boisduval, de beaucoup supérieurs à tout ce qui a paru jusqu'à présent, formeront un supplément et une suite indispensable aux ouvrages de Hubner, de Godart, etc. Tout ce que nous pouvons dire en faveur de ces deux ouvrages remarquables peut se réduire à cette expression employée par Dejean dans le cinquième volume de son Species : « M. Boisduval est de tous nos entomologistes celui qui connait le mieux les Lépidoptères. »

Cours d'Entomologie, ou Histoire naturelle des crustacés, des arachnides, des myriapodes et des insectes, à l'usage des élèves de l'Ecole du Muséum d'Histoire naturelle, par M. LATREILLE, professeur, membre de l'Institut, etc. — Tableau de l'histoire de l'entomologie. — Généralités de la classe des crustacés et de celle des arachnides, des myriapodes et des insectes. — Exposition méthodique des ordres, des familles et des genres des trois premières classes. 1 gros vol. in-8, et un Atlas composé de 24 planches. 15 fr.

Description géologique de la partie méridionale de la chaîne des Vosges, par M. ROZET, capitaine au corps royal d'état-major. 1 vol. in-8, orné de planches et d'une jolie carte. 10 fr.

Description des Mollusques fluviatiles et terrestres de la France, et plus particulièrement du département de l'Isère, ouvrage orné de planches représentant plus de 140 espèces, par M. ALBIN GRAS. In-8. 5 fr.

— **des Oursins fossiles,** ou Notions sur l'Organisation et la Glossologie de cette classe, par M. ALBIN GRAS. In-8. 6 fr.

Dictionnaire de Botanique médicale et pharmaceutique, contenant les principales propriétés des minéraux, des végétaux et des animaux, avec les préparations de pharmacie, internes et externes les plus usitées en médecine et en chirurgie, etc., par une Société de médecins, de pharmaciens et de naturalistes. Ouvrage utile à toutes les classes de la société, orné de 17 grandes planches représentant 278 figures de plantes gravées avec le plus grand soin, 3e *édition*, revue, corrigée et augmentée de beaucoup de préparations pharmaceutiques et de recettes nouvelles, par MM. JULIA DE FONTENELLE et BARTHEZ. 2 gros vol. in-8, figures noires. 18 fr.

Le même, figures coloriées d'après nature. 25 fr.

Cet ouvrage est spécialement destiné aux personnes qui, sans s'occuper de la médecine, aiment à secourir les malheureux.

Dictionnaire (Nouveau) d'Histoire naturelle appliquée aux arts, à l'agriculture, à l'économie rurale et domestique, à la médecine, etc., par une Société de naturalistes et d'agriculteurs. 36 vol. in-8 reliés, figures noires. 50 fr.

Diluvium (Du). Recherches sur les dépôts auxquels on doit donner ce nom et sur la cause qui les a produits, par M. MELLEVILLE. In-8. 2 fr. 50

Diptères exotiques nouveaux ou peu connus, par M. MACQUART, membre de plusieurs sociétés savantes; t. 1 et 2, 5 livraisons in-8, figures noires. 35 fr.

Les Suppléments 1 2, 3 et 4 (1846-51), chaque : fig. noires. 7 fr.

— — 5 (1855), fig. noires. 4 fr.

L'ouvrage complet, y compris les suppléments. 60 fr.

Diptères, Notice sur les différences sexuelles du genre Dolichopus, tirées des nervures des ailes, par M. MACQUART. 1844, in-8. 1 fr.

Discours sur l'avenir physique de la terre, par M. MARCEL DE SERRES, professeur à la Faculté des Sciences de Montpellier, in-8. 2 fr. 50

Essai monographique sur les Campagnols des environs de Liège, par M. DE SÉLYS-LONGCHAMPS, in-8, fig. 3 fr.

Essai sur l'Histoire naturelle du Brabant, par feu M. (Mammifères.) 2 fr. 50

(Analyse et Extraits par M. DE SÉLYS-LONGCHAMPS)

Essai sur l'Histoire naturelle des serpents de la Suisse, par J. F. WYDER. In-8, fig. 2 fr. 50

Études de micromammalogie, revue des sorex, mus et arvicola d'Europe, suivies d'un index méthodique des mammifères européens, par M. DE SÉLYS-LONGCHAMPS. 1 volume in-8. 5 fr.

Études sur l'Anatomie et la Physiologie des Végétaux, par TH. LESTIBOUDOIS. In-8, fig. 6 fr.

Europeorum microlepidopterorum Index methodicus, sive Spirales, Tortrices, Tineæ et Alucitæ Linnæi. Auct. A. GUÉNÉE. Pars prima, in-8. . . . . . 3 fr. 75

Facultés intérieures des animaux invertébrés, par M. MACQUART, 1 vol. in-8. . . . . . 5 fr.

Fauna japonica, sive Descriptio animalium quæ in itinere per Japoniam jussu et auspiciis superiorum, qui summum in India Batava imperium tenent, suscepto annis 1823-1830, collegit, notis, observationibus et adumbrationibus illustravit PH. FR. DE SIEBOLD.

Mammifères,	3 livraisons	coloriées,	chaque.		26 fr.
Oiseaux,	12	—	—	—	26 fr.
Poissons,	16	—	—	—	26 fr.
Reptiles,	3	—	noires,	—	25 fr.
Crustacés,	7	—	—	—	25 fr.

Faune de l'Océanie, par le docteur BOISDUVAL. Un gros vol. in-8, imprimé sur grand papier vélin. . . 10 fr.

Faune entomologique de Madagascar, Bourbon et Maurice. — *Lépidoptères*, par le docteur BOISDUVAL ; avec des notes sur les métamorphoses, par M. SGANZIN.

Huit livraisons, format grand in-8, papier vélin ; chaque livraison comprend 2 *planches coloriées* et le texte correspondant et coûte 3 fr.

L'ouvrage complet 20 fr.

Faune (Sur la) de la Belgique, par M. DE SÉLYS-LONGCHAMPS, br. in-8. . . . . . 1 fr.

Flora japonica, sivæ Plantæ quas in imperio Japonico collegit, descripsit, ex parte in ipsis locis pigendas curavit, PH. FR. DE SIEBOLD. Livraisons 1 à 20, coloriées ; chaque . . . . . . 15 fr.

Flore du centre de la France et du bassin de la Loire, par M. A. BOREAU, directeur du Jardin des plantes d'Angers, etc. 3e édition. 2 vol. in-8. . . . . . 15 fr.

Flore de l'arrondissement d'Hazebrouck, ou description des plantes du *Nord*, du *Pas-de-Calais* et de la *Belgique*, par H. VANDAMME. 3 parties formant ensemble 1 vol. in-8 de 334 pages. 1re partie séparément, 3 fr. ; 2e et 3e parties, chaque : 1 fr. 50. L'ouvrage complet . . . . . . 6 fr.

Genera et index methodicus Europæorum Lepidopterorum, pars prima sistens Papiliones sphinges, Bombyces noctuas, auctore BOISDUVAL. 1 vol. in-8. . . . 5 fr.

Herbarii Timorensis descriptio, cum tabulis 6 æneis ; auctore J. DECAISNE. 1 vol. in-4. . . . . . 15 fr.

Histoire abrégée des Insectes, par M. Geoffroy Saint-Hilaire. 2 vol. in-4, reliés. Fig. 15 fr.

Histoire des mœurs et de l'instinct des animaux, distributions naturelles de toutes leurs classes, par J.-J. Virey. 2 vol. in-8. 12 fr.

Histoire des progrès des sciences naturelles, depuis 1789 jusqu'en 1831, par M. le baron G. Cuvier. 5 vol. in-8. 22 fr. 50

Le tome 5 séparément. 7 fr.

Le Conseil royal de l'Université a décidé que cet ouvrage serait placé dans les bibliothèques des colléges et donné en prix aux élèves.

Histoire naturelle, ou éléments de la Faune française, par MM. Braguier et Maurette. In-12, cahiers 1 à 5, à 2 francs chaque. 10 fr.

Icones historiques des lépidoptères nouveaux ou peu connus, collection, avec figures coloriées, des papillons d'Europe nouvellement découverts; ouvrage formant le complément de tous les auteurs iconographes; par le docteur Boisduval.

Cet ouvrage se compose de 42 livraisons grand in-8, comprenant chacune deux planches coloriées et le texte correspondant, imprimé sur papier vélin. Prix de chaque livraison. 3 fr.

L'ouvrage complet. 100 fr.

Iconographie et histoire des lépidoptères et des chenilles de l'Amérique septentrionale, par le docteur Boisduval, et par le major John Leconte, de New-York.

Cet ouvrage comprend 26 livraisons, renfermant trois planches coloriées et le texte correspondant, imprimé sur papier vélin.

Prix de la livraison. 3 fr.

L'ouvrage complet. 60 fr.

Illustrationes plantarum orientalium, ou Choix de Plantes nouvelles ou peu connues de l'Asie occidentale, par M. le comte Jaubert et M. Spach. Cet ouvrage forme 5 vol. grand in-4, composés chacun de 100 planches et d'environ 30 feuilles de texte; il a paru par livraisons de 10 planches. Le prix de chacune est de 15 fr. L'ouvrage complet (50 livraisons). 750 fr.

Insecta caffraria, annis 1838-45 à J. V. Vahlberg, collecta, descripsit Carolus H. Boheman.

Pars 1. Fasc. 1. Coleoptera (*Carabici*, *Hydrocanthari*, *Gyrinii* et *Staphylinii*). 1 vol. in-8. 8 fr.

Fasc. 2. Coleoptera (*Buprestides, Clatérides, Cébrionites, Rhipicérides, Cyphonides, Lycides, Lampyrides*, etc. In-8. 10 fr.

Pars 2. Coleoptera (*Scarabœides*), in-8. 10 fr.

Introduction à l'étude de la botanique, par Philibert. 3 vol. in-8; fig. col. 18 fr.

Mémoires sur la famille des Combrétacées, par M. de Candolle. In-4; fig. 3 fr.

Mémoires de la Société de physique de Genève, in-4. — Divers Mémoires séparés sur les *Selaginées*, les *Lythraires*, les *Dypsacées*, le *Mont-Somma*, etc.

Mémoires de la Société d'Histoire naturelle de Paris, 5 vol. in-4 avec planches. Prix : 20 fr. chaque volume. Prix total. 100 fr.

Voyez *Nouvelles Annales du Muséum*, page 38.

Mémoires de la Société royale des Sciences de Liège.

— Tome 1er (en 2 vol. in-8) chaque vol. 5 fr.
Les 2 vol. réunis. 8 fr.

— Tome 2 (en 2 vol. in-8) chaque vol. 5 fr.
Les 2 vol. réunis. 10 fr.

— Tome 3, 1845, contenant la Monog. des Coléoptères subpentamères-phytophages, par Th. Lacordaire, t. 1. 12 fr.

— Tome 4, 1847-49, contenant la monographie des Productus, par M. de Koninck. 2 vol. in-8 et un atlas. La 1re partie, 1 vol. et 1 atl. 10 fr. La 2e partie, 1 vol. 5 fr.

— Tome 5, 1848. Monog. des Coléoptères subpentamères-phytophages, par Th. Lacordaire, tome 2. 12 fr.

— Tome 6, 1849. Monog. des Odonates. 1 vol. 10 fr.

— Tome 7, 1851. Exposé élémentaire de la Théorie des Intégrales définies, par Meyer. 1 vol. in-8. 10 fr.

— Tome 8, 1853, renfermant le catalogue des larves des Coléoptères connues jusqu'à ce jour, avec la description de plusieurs espèces nouvelles, par MM. Chapuis et de Candèze. 12 fr.

— Tome 9, 1854, contenant la monographie des Caloptérygines, par M. de Sélys-Longchamps. 1 vol. in-8. 12 fr.

— Tome 10, 1856. Cours élémentaire sur la Fabrication des bouches à feu en fonte et en bronze, par Coquilhat. 1re partie. In-8. 12 fr.

— Tome 11, 1858. Fabrication des bouches à feu, par Coquilhat. 2e partie. — Calcul des variations, par A. Meyer. — Monographie des Gomphines, par M. de Sélys-Longchamps. 1 vol. in-8. 18 fr.

— Tome 12, 1857. Monographie des Élatérides, par E. DE CANDÈZE. Tome 1er, in-8. 8 fr. 50

— Tome 13, 1858. Fabrication des bouches à feu par COQUILHAT. 3e partie. — Études sur un mémoire de Jacobi, relatif aux intégrales définies, par N.-C. SCHMITT. — Notice géologique, par J. VAN BINKHORST. 1 vol. in-8. 12 fr.

— Tome 14, 1859. Monographie des Elatérides, par E. DE CANDÈZE. Tome 2. In-8. 10 fr.

— Tome 15, 1860. Monographie des Elatérides, par E. DE CANDÈZE. Tome 3, in-8. 10 fr.

— Tome 16, 1861. Des Brachiopodes munis d'appendices spiraux, par DAVIDSON, trad. par DE KONINCK. — Méthodes diverses de calculs transcendants, par PAQUE. — Métamorphoses de quelques Coléoptères exotiques, par G. DE CANDÈZE. 1 vol. in-8. 10 fr.

Monographie des Érotyliens, famille de l'ordre des Coléoptères, par M. TH. LACORDAIRE. In-8. 9 fr.

Monographie des Libellulidées d'Europe, par EDM. DE SÉLYS-LONGCHAMPS. 1 vol. grand in-8, avec quatre planches représentant 44 figures. 5 fr.

Monographia Cassididarum, auctore CAROLO H. BOHEMAN. Tomi I à IV, cum tab. VII. Holmiæ, (1850-62), 3 vol. in-8, chacun 14 fr.

Monographia Tryphonidum Sueciæ, auctore AUG. EMIL. HOLMGREN, in-4 13 fr.

Notice sur les Libellulidées, extraites des Bulletins de l'Académie de Bruxelles, par EDM. DE SÉLYS-LONGCHAMPS. In-8, fig. 2 fr.

Observations botaniques, par B.-C. DUMORTIER. In-8. 4 fr.

Oiseaux américains (**Sur les**) admis dans la Faune européenne, par M. DE SÉLYS-LONGCHAMPS, 1 volume in-8. 1 fr. 25

Observations sur les phénomènes périodiques du règne animal, et particulièrement sur les migrations des oiseaux en Belgique, de 1841 à 1846, résumées par M. DE SÉLYS-LONGCHAMPS. Br. in-4. 3 fr. 50

Plantes (Les), Poëme, par R. R. CASTEL; nouvelle édition, ornée de 5 figures en taille douce. In-18. 3 fr.

Plantes rares du Jardin de Genève, par A. P. DE CANDOLLE, livraisons 1 à 4, in-4, fig. col., à 15 fr. la livraison. L'ouvrage complet : 60 fr.

Plantes herbacées d'Europe et leurs insectes, par M. Macquart, in-8, 1re partie, 3 fr. 50; 2e partie, 3 fr.; 3e partie, 4 fr.

Principes de Zooclassie, servant d'introduction à l'étude des Mollusques, par H. De Blainville. 1 volume in-8. 3 fr.

Récapitulation des Hybrides observés dans la famille des Anatidées, par E. de Sélys-Longchamps, brochure in-8. 1 fr. 25

Addition a la récapitulation, br. in-8 1 fr.

Règne animal, d'après M. de Blainville, disposé en séries, en procédant de l'homme jusqu'à l'éponge, et divisé en trois sous-règnes, tableau superieurement gravé. Prix : 3 fr. 50

Collé sur toile, avec gorge et rouleau. 8 fr.

Singulorum generum Curculionidum unam alteramve speciem, additis Iconibus a David Labram, illustravit L. Imhof. Fascic. 1 à 9, in-12, chaque. 2 fr.

Species général des Coléoptères, de M. Dejean, avec les Hydrocanthares de M. Aubé. 7 volumes in-8. 100 fr.

L'on vend séparément le tome V en deux parties (ce volume a été détruit dans un incendie). 35 fr.

Synonymia insectorum. — Genera et species curculionidum (ouvrage comprenant la synonymie et la description de tous les Curculionides connus), par M. Schoenherr. 8 tomes en 16 parties. (*Ouvrage terminé.*) 144 fr.

Curculionidum dispositio methodica cum generum characteribus, descriptionibus atque observationibus variis, seu Prodromus ad Synonymiæ insectorum partem IV, auctore C.-J. Schoenherr. 1 vol. in-8. Lipsiæ, 1826. 7 fr.

Synopsis de la flore du Jura septentrional et du Sundgau, par Friche-Joset et Montandon. 1 v. in-12. 3 fr. 50

Statistique géologique et minéralogique du département de l'Aube, par A. Leymerie. Troyes, 1846, 1 vol. in-8 et Atlas in-4. 15 fr.

Tableau de la distribution méthodique des espèces minérales, suivie dans le cours de minéralogie fait au Muséum d'Histoire naturelle en 1833, par Alexandre Brongniart, professeur. Brochure in-8. 2 fr.

Théorie élémentaire de la botanique, ou Exposition des Principes de la Classification naturelle et de l'Art de décrire et d'étudier les végétaux, par M. de Candolle. 3e édition; 1 vol. in-8. 8 fr.

Traité élémentaire de Minéralogie, par F.-S. Beudant, de l'Académie royale des Sciences, nouvelle édition considérablement augmentée. 2 vol. in-8, accompagnés de 24 planches. 21 fr.

Zoologie classique, ou Histoire naturelle du Règne animal, par M. F.-A. Pouchet, professeur de zoologie au Muséum d'Histoire naturelle de Rouen, etc. : seconde édition, considérablement augmentée. 2 vol. in-8, contenant ensemble plus de 1,300 pages, et accompagnés d'un Atlas de 44 planches et de 5 grands tableaux gravés sur acier.

Figures noires. 20 fr.

Figures coloriées. 25 fr.

Nota. *Le Conseil de l'Université a décidé que cet ouvrage serait placé dans les bibliothèques des collèges.*

AGRICULTURE, JARDINAGE

ÉCONOMIE RURALE.

Abrégé de l'Art vétérinaire, ou Description raisonnée des Maladies du Cheval et de leur traitement, suivi de l'anatomie et de la physiologie du pied et des principes de ferrure, avec des observations sur le régime et l'exercice du cheval, etc., par WHITE ; traduit de l'anglais et annoté par M. V. DELAGUETTE, vétérinaire. 2e édition, 1 vol. in-12. 3 fr. 50

Agriculteur praticien (L'), revue d'agriculture et de jardinage. *Voyez* page 3.

Agriculture française, par MM. les Inspecteurs de l'agriculture, publiée d'après les ordres de M. le Ministre de l'Agriculture et du Commerce, contenant la description géographique, le sol, le climat, la population, les exploitations rurales ; instruments aratoires, engrais, assolements, etc., de chaque département. 6 vol., accompagnés chacun d'une belle carte, sont en vente, savoir :

Département de l'Isère. 1 vol. in-8. 3 fr. 50
— du Nord. In-8. 3 fr. 50
— des Hautes-Pyrénées. In-8. 3 fr. 50
— de la Haute-Garonne. In-8. 3 fr. 50
— des Côtes-du-Nord. In-8. 3 fr. 50
— du Tarn. 3 fr. 50

Amateur des fruits (L'), ou l'Art de les choisir, de les conserver, de les employer, principalement pour faire les compotes, gelées, marmelades, confitures, etc., par M. L. DUBOIS. In-12. 2 fr. 50

Amélioration (De l') de la Sologne, par M. R. PARETO. In-8. 2 fr. 50

Ampélographie rhénane, par STOLTZ, 1 vol. gr. in-4, fig. noires. 17 fr.

Le même ouvrage, fig. col. 28 fr.

Annales agricoles de Roville, ou Mélanges d'Agriculture, d'Économie rurale et de Législation agricole, par M. C.-J.-A. MATHIEU DE DOMBASLE. 9 vol. in-8, figures. 61 fr. 50

Les volumes se vendent séparément, savoir :

Les tomes 1, 2, 3, 4, 7, chacun 7 fr. 50
Les tomes 5, 6, 8 et le supplément, chacun 6 fr.

Application (De l') de la vapeur à l'agriculture, de son Influence sur les Mœurs, sur la Prospérité des Nations et l'Amélioration du Sol, par Girard, 1 vol. in-8, grand papier. 75 c.

Art (L') de composer et décorer les jardins, par M. Boitard; ouvrage entièrement neuf, orne de 140 planches gravées sur acier. 15 fr.

*Même ouvrage que le Manuel de l'*Architecte des Jardins. *Cette publication n'a rien de commun avec les autres ouvrages du même genre, portant même le nom de l'auteur. Le traité que nous annonçons est un travail tout neuf, très-complet et à très-bas prix. M. Boitard a donc rendu un grand service aux amateurs de jardins en les mettant à même de tirer de leurs propriétés le meilleur parti possible.*

Art (L') de créer les Jardins, contenant les préceptes généraux de cet art, leur application développée par des vues perspectives, coupe et élévations, par des exemples choisis dans les jardins les plus célèbres de France et d'Angleterre; et le tracé pratique de toutes espèces de jardins, par M. N. Vergnaud, architecte à Paris. Ouvrage orné de lithographies dessinées par nos meilleurs artistes. 1 joli volume in-folio, relié :

Papier ordinaire. 45 fr.
Papier de Chine. 56 fr.
Colorié. 80 fr.

Asperges (Les) et les Fraises, Description des meilleures méthodes de culture pour les obtenir en abondance et presque sans frais, par M. V. F. Lebeuf. 1 vol. in-18. 1 fr.

Bouvier (Le nouveau), ou Traité des Maladies des Bestiaux, Description raisonnée de leurs maladies et de leur traitement, par M. Delaguette, médecin-vétérinaire. 1 vol. in-12. 3 fr. 50

Calendrier du Bon cultivateur, ou Manuel de l'Agriculteur-Praticien, par C.-J.-A. Mathieu de Dombasle. 10e édition, revue par M. de Meixmoron-Dombasle. 1 vol. in-12 de plus de 900 pages, avec 5 planches. 4 fr. 75

Chasseur-taupier (Le), ou l'Art de prendre les taupes par des moyens sûrs et faciles, précédé de leur histoire naturelle, par M. Rédarès. In-18, fig. 90 cent.

Choix des plus belles fleurs et des plus beaux fruits, par M. Redouté. 1 joli vol. in-fol. orné de 144 planches coloriées. 36 livraisons de 4 planches à 6 fr. chaque livraison; l'ouvrage complet : 150 fr.

Toutes les planches de l'œuvre de M. Redouté *se vendent séparément à raison de 1 fr. 50.*

Le Catalogue spécial de cet ouvrage est adressé, franco, aux personnes qui en font la demande.

Code forestier, conféré et mis en rapport avec la législation qui régit les différents propriétaires et usagers dans les bois, par M. Curasson. 2 vol. in-8. 12 fr.

Cours élémentaire d'Agriculture, par M. Risler. In-12. 2 fr.

Cours complet d'Agriculture (Nouveau) du xixe **siècle,** contenant la grande et la petite culture, l'économie rurale domestique, la médecine vétérinaire, etc., par les Membres de la section d'Agriculture de l'Institut de France, etc. Nouvelle édition revue, corrigée et augmentée. Paris, Déterville. 16 vol. in-8, de près de 600 pages chacun, ornés de planches en taille-douce. Au lieu de 120 fr. 32 fr.

Cours d'Agriculture (Petit), ou Encyclopédie agricole, par M. Mauny de Mornay, contenant les livres du Cultivateur, du Jardinier, du Forestier, du Vigneron, de l'Economie et Administration rurales, du Propriétaire et de l'Eleveur d'animaux domestiques. 7 vol. grand in-18, avec fig. 12 fr.

École du jardin potager, suivie du Traité de la Culture des Pêchers, par M. de Combles, 6e édition, revue par M. Louis Dubois. 3 vol. in-12. 4 fr. 50

Éloge historique de l'abbé François ROZIER, restaurateur de l'Agriculture française, par A. Thiébaut de Berneaud, in-8. 1 fr. 50

Encyclopédie du Cultivateur, ou Cours complet et simplifié d'agriculture, d'économie rurale et domestique, par M. Louis Dubois. 2e édition, 9 vol. in-12 ornés de gravures. 20 fr.

Le tome 9 se vend séparément 4 fr.

Cet ouvrage, très-simplifié, est indispensable aux personnes qui ne voudraient pas acquérir le grand ouvrage intitulé : Cours d'agriculture du xixe siècle.

Essai sur l'air atmosphérique dans ses rapports avec l'hygiène et l'agriculture, par Brame, in-8. 75 c.

Fabrication du fromage, par le docteur F. Gera, traduit de l'italien par V. Rendu, in-8, fig. (Couronné par la Société royale et centrale d'agriculture.) 5 fr.

Fraises (Culture des). Voyez *Les Asperges et les Fraises.*

Greffes (Des) et des boutures forcées pour la rapide multiplication des Roses rares et nouvelles, par M. Loiseleur Deslongchamps. In-8. (Extrait de l'*Agriculteur praticien.*) 50 c.

Histoire du Pêcher, par Duval, in-8. 1 fr. 50

Histoire du Poirier (Pyrus sylvestris) par Duval. Br. in-8 (extrait de l'*Agriculteur praticien*). 1 fr. 50

Histoire du Pommier, par Duval. In-8. 1 fr. 50

Instruction pratique sur la plantation des Asperges, par Bossin. Br. in-8. 25 c.

Journal de médecine vétérinaire théorique et pratique, et Analyse raisonnée de tous les ouvrages français et étrangers qui ont du rapport avec la médecine des animaux domestiques; recueil publié par MM. Bracy-Clark, Crépin, Cruzel, Delaguette, Dupuy, Godine jeune, Lebas, Prince et Rodet. 6 vol. in-8. 20 fr.

Chaque volume séparément. 6 fr.

Manuel populaire d'Agriculture, d'après l'état actuel des progrès dans la culture des champs, des prairies, de la vigne, des arbres fruitiers; dans l'éducation du gros bétail, etc., par J. A. Schlipf; trad. de l'Allemand par Napoléon Nicklès. In-8. 4 fr.

Manuel des Instruments d'Agriculture et de Jardinage les plus modernes, contenant la description détaillée des Instruments nouvellement inventés ou perfectionnés, la plupart dessinés dans les meilleurs ateliers de la capitale. Ouvrage orné de 121 planches et de gravures sur bois intercalées dans le texte, par M. Boitard. 1 vol. grand in-8. 12 fr.

Manuel du fabricant d'engrais, ou de l'Influence du noir animal sur la végétation, par M. Bertin. 1 vol. in-18. 2 fr. 50

Melon (Du) et de sa culture, par M. Duval. Brochure in-8. (Extrait de l'*Agriculteur praticien.*) 75 c.

Mémoires sur l'alternance des essences forestières, par Gustave Gand. In-8. 1 fr. 50

Méthode abrégée du dressage des chevaux difficiles, et particulièrement des Chevaux d'armes, par De Montigny. 1 vol. in-8. 2 fr.

Mémoire sur les Dahlias, leur culture, leurs propriétés économiques et leurs usages comme plantes d'ornement, par Arsène Thiébaut de Berneaud. Brochure in-8. 2e édition. 75 c.

Parfait conservateur des grains et farines, par Perret. Br. in-8. 1 fr.

Pathologie canine, ou Traité des Maladies des Chiens, contenant aussi une dissertation très-détaillée sur la rage, la manière d'élever et de soigner les chiens; par M. Delabère-Blaine, traduit de l'anglais et annoté par M. V. Delaguette, vétérinaire. Avec 2 planches représentant 18 espèces de chiens. 1 vol. in-8. 6 fr.

Pharmacopée vétérinaire, ou Nouvelle pharmacie hippiatrique, contenant une classification des médicaments, les moyens de les préparer et l'indication de leur emploi, etc., par M. Bracy-Clark. 1 vol. in-12 avec fig. 2 fr.

Praticien de la ville et de la campagne, par L. Hoste. 1 vol. in-12. 2 fr. 50

Premières notions de viticulture, par Stoltz. 1 vol. in-18. 90 c.

Secrets de la chasse aux oiseaux, contenant la manière de fabriquer les filets, les divers pièges, appeaux, etc.; l'art de les élever, de les soigner, de les guérir, etc., par M. G... amateur. 1 vol. in-18 avec fig. 2 fr. 50

Même ouvrage que le Manuel de l'Oiseleur. *Voyez* page 23.

Taille du Poirier et du Pommier en fuseau, par Choppin. 1 vol. in-8 avec fig. 2e édition. 3 fr.

Traité des arbres et arbustes que l'on cultive en pleine terre en Europe et particulièrement en France, par Duhamel du Monceau, rédigé par MM. Veillard, Jaume Saint-Hilaire, Mirbel, Poiret, et continué par M. Loiseleur-Deslongchamps; ouvrage enrichi de 500 planches gravées par les plus habiles artistes, d'après les dessins de Redouté et Bessa, peintres du Muséum d'histoire naturelle; 7 vol. in-fol., papier jésus vélin, figures coloriées. Au lieu de 3,300 francs, 750 fr.

— Le même, papier carré vélin, figures coloriées. Au lieu de 2,100 francs, 450 fr.

— Le même, papier carré fin, figures coloriées. 350 fr.

— Le même, figures noires. Au lieu de 775 fr. 200 fr.

On a extrait de cet ouvrage le suivant :

Traité (Nouveau) des arbres fruitiers, par Duhamel, nouvelle édition, très-augmentée par MM. Veillard, de Mirbel, Poiret et Loiseleur-Deslongchamps, 2 vol. in-folio, ornés de 145 planches. Prix :

Fig. noires 50 fr.; — fig. coloriées, papier fin. 100 fr.
Fig. coloriées papier vélin. 125 fr.
Fig. coloriées, format jésus vélin. 150 fr.

Traité de culture théorique et pratique, par HUBERT CARRÉ. In-12. 2 fr.

— **de culture forestière,** par HENRI COTTA, traduit de l'allemand par GUSTAVE GAND, garde général des forêts. 1 vol. in-8. 7 fr.

— **des instruments aratoires,** par MOYSEN. Brochure in-8. 1 fr.

— **de la Comptabilité agricole,** par l'application du système complet des écritures en parties doubles, par MM. PERRAULT DE JOTEMPS père et fils. 4 cahiers in-fol. 12 fr.

— **des maladies des bestiaux,** ou Description raisonnée de leurs maladies et de leur traitement; suivi d'un aperçu sur les moyens de tirer des bestiaux les produits les plus avantageux, par M. V. DELAGUETTE, vétérinaire. In-12. 3 fr. 50

— **du chanvre du Piémont, de la grande espèce,** sa culture, son rouissage et ses produits, par REY, in-12. 1 fr. 50

— **sur la distillation des pommes de terre,** par ÉVARISTE HOURIER. In-18. 1 fr. 50

— **raisonné sur l'éducation du Chat domestique,** et du Traitement de ses Maladies, par M. R***. In-12. 1 fr. 50

Voyage d'un hydroscope, ou l'Art de découvrir les Sources, par M. F. AMY. 1 vol. in-12. 2 fr. 50

BIBLIOTHÈQUE DES ARTS ET MÉTIERS.

1 fr. 75 le volume,

Format in-18, grand papier.

Livre de l'Arpenteur-Géomètre, par MM. PLACE et FOUCARD. 1 vol.
— **du Brasseur,** par M. DELESCHAMPS. 1 vol.
— **de la Comptabilité du bâtiment,** par M. DIGEON. 1 vol.
— **du Cultivateur,** par M. MAUNY DE MORNAY. 1 vol.
— **de l'Économie et de l'Administration rurale,** par M. DE MORNAY. 1 vol.
— **du Forestier,** par M. DE MORNAY. 1 vol.
— **du Jardinier,** par M. DE MORNAY. 2 vol.
— **des Logeurs et Traiteurs.** 1 vol.
— **du Meunier,** par M. DE MORNAY. 1 vol.
— **du Propriétaire et de l'Éleveur d'animaux domestiques,** par M. DE MORNAY. 1 vol.
— **du Fabricant de sucre et du Raffineur,** par M. DE MORNAY. 1 vol.
— **du Tailleur,** par M. AUGUSTIN CANEVA. 1 vol.
— **du Toiseur-Vérificateur,** par M. DIGEON. 1 vol.
— **du Vigneron et du Fabricant de cidre,** par M. DE MORNAY. 1 vol.

INDUSTRIE, ARTS ET MÉTIERS.

Albums (petits) de poche du Garde-Meubles, par GUILMARD, 9 vol. in-32 oblong, comprenant les *Siéges*, les *Meubles* et les *Tentures*.

Chaque album se vend séparément, en noir, 5 fr.; en couleur, 6 fr.

Alphabet du trait, appliqué à la Menuiserie (Méthode élémentaire à l'aide de laquelle on peut apprendre le trait sans maître), par J.-B.-R. Delaunay. 1 vol. cart. grand in-8 et 20 planches. 11 fr.

Art du Peintre, Doreur et Vernisseur, par Watin; 11e édition entièrement refondue, par M. Bourgeois, architecte des Tuileries. 1 vol. in-8. 4 fr. 50

Art du Typographe, par Vinçard. 1 vol. in-8, relié. 2e édition. 6 fr.

Artiste (L') en bâtiments. Ordres d'architecture, consoles, cartouches, décors et attributs, etc., par L. Berthaux. In-4 oblong. 6 fr.

Barême à l'usage des marchands de café. In-8. 60 c.

Barême décimal pour le commerce des liquides, par Ravon, br. in-18. 75 c.

Barême du Layetier, contenant le toisé par voliges de toutes les mesures de caisses, depuis 12-6-6, jusqu'à 72-72-72, etc., par Bien-Aimé. 1 vol. in-12. 1 fr. 25

Calcul des essieux pour les Chemins de Fer; Coup-d'œil sur les roues de vagons de chemins de fer, par A. C. Benoit-Duportail. Br. in-8 (*Extraite du Technologiste*). 1 fr. 75

Carnet du Ferblantier, ou Comptes-faits à l'usage de toutes les personnes qui ont besoin de déterminer les dimensions d'un vase quelconque, la contenance étant donnée; par L. Julliard. In-8° avec figures. 2 fr.

Code du Meunier, du Constructeur-Mécanicien et du Propriétaire de Moulins, par Favéreau. 1 vol. in-12. 3 fr. 50

Considérations sur la perspective, par Benoit-Duportail. Br. in-8 (*Extr. du Technologiste*). 1 fr. 25

Construction des Boulons, Ecrous, Harpons, Clefs, Rondelles, Goupilles, Clavettes, Rivets et Equerres, suivie de la construction des Vis d'Archimède, par A. C. Benoit-Duportail. Br. in-8 (*Extr. du Technologiste*). 3 fr.

Construction (De la) des Engrenages, et de la meilleure forme à donner à leur denture, par S. Haindl. In-12. Fig. 4 fr. 50

Coup-d'œil général et statistique sur la Métallurgie considérée dans ses rapports avec l'Industrie et la richesse des peuples, etc., par Th. Virlet. In-8. 3 fr.

Cours élémentaire de Dessin industriel, à l'usage des écoles primaires, par Armengaud aîné, Armengaud jeune, et Lamouroux. In-4 oblong. 8 fr.

Cours gratuit de Chaleur, appliqué aux Arts industriels, 6 leçons ou cahiers, in-8, par Burel. 2 fr. 40

Des Boissons gazeuses au point de vue alimentaire, hygiénique et industriel ; Guide pratique du Fabricant et du Consommateur, par HERMANN-LACHAPELLE, et CH. GLOVER. 1 vol in-8. 5 fr.

Draps unis et Nouveautés (Traité théorique et pratique de la fabrication des), par F. D. BARON, 1 vol. in-4 accompagné de 15 planches. 15 fr.

Études sur quelques produits naturels applicables à la teinture, par ARNAUDON. Br. in-8. 1 fr. 25

Fabrication des bouches à feu (Cours élémentaire sur la), en fonte et en bronze, par COQUILHAT, 3 vol. in-8. 42 fr.

(*Publié dans les Mémoires de la Société royale des sciences de Liège*. V. page 44.)

Fer pur (Du) et de ses dissolutions ou alliages, par JULLIEN, br. in-8 (*Extraite du Technologiste*). 1 fr.

Guide de l'Inventeur dans les principaux Etats de l'Europe, ou Précis des lois sur les brevets d'invention, par CH. ARMENGAUD jeune. In-8. Nouv. édit. 5 fr.

Guide du Mécanicien, ou Principes fondamentaux de mécanique expérimentale et théorique, appliqués à la composition et à l'usage des machines, par M. SUZANNE, ancien professeur. 2e édition, 1 vol. in-8 orné d'un grand nombre de planches. 12 fr.

Manipulations hydroplastiques, ou Guide du Doreur, par M. ROSELEUR. In-8. 15 fr.

Manuel du Bottier, par A. MOUREY. In-12. 1 fr. 50

— **des Candidats** à l'emploi de Vérificateurs des poids et mesures, par P. RAVON. 2e édition, in-8. 5 fr.

— **du Fabricant de Rouenneries,** comprenant tout ce qui a rapport à la Fabrication, par un FABRICANT. 1 vol. in-18. 2 fr. 50

— **métrique du Marchand de bois,** par M. TREMBLAY. 1 vol. in-12. 1 fr. 50

— **du Tisseur,** contenant les Armures et les Montages usités pour la Fabrication des divers Tissus, par LIONS. In-8. 1 fr.

— **du Tourneur,** traitant de tout ce que l'art peut produire d'utile et d'agréable, par M. HAMELIN-BERGERON. 2 vol. in-4, avec Atlas et Supplément imprimés sur papier vélin. (*Epuisé.*) 100 fr.

Memento des Architectes et Ingénieurs, Toiseurs et Vérificateurs et de toutes les personnes qui font bâtir, par TOUSSAINT. 7 vol. in-8, dont un de planches. 60 fr.

On a extrait de cet ouvrage le suivant :

Code de la Propriété. 2 vol. in-8. 15 fr.

Mémoire sur la construction des Instruments à Cordes et à Archet, par FÉLIX SAVART. In-8. 3 fr.

— sur l'appareil des voûtes hélicoïdales et des voûtes biaises à double courbure, par M. A.-A. SOUCHON. In-4° avec 10 planches gravées en taille-douce. 3 fr. 50

Menuiserie descriptive, nouveau Vignole des menuisiers, utile aux ouvriers, maîtres et entrepreneurs, par COULON. 2 vol. in-4, dont un de planches. 20 fr.

Ouvrier (L') mécanicien, Guide de mécanique pratique, précédé de notions élémentaires d'arithmétique décimale, d'algèbre et de géométrie, par CH. ARMENGAUD jeune. 5e édition, in-12. 4 fr.

Parfait Carrossier, ou Traité complet des Ouvrages faits en Carrosserie et Sellerie, par L. BERTHAUX. In-8. Cartonné. 5 fr.

Parfait Charron, ou Traité complet des Ouvrages faits en Charronnage et Ferrure, par L. BERTHAUX. In-8. Cartonné. 5 fr.

Parfait Serrurier, ou Traité des Ouvrages faits en fer, par LOUIS BERTHAUX, 1 vol. in-8, cartonné. 9 fr.

Photographie sur papier, par M. BLANQUART-EVRARD. 1 vol. grand in-8. 4 fr. 50

Photographie sur plaques métalliques, par M. le baron GROS. 2e édition, 1 vol. grand in-8, fig. 3 fr.

Photographique (Album), par M. BLANQUART-EVRARD. 12 livraisons, contenant chacune 3 planches. Ouvrage complet. 72 fr.

Une planche séparément. 3 fr.

Chaque livraison. 6 fr.

Photographiques (Méthodes) perfectionnées, sur papier sec, albumine, collodion sec, collodion humide, par CH. CHEVALIER. 1 vol. in-8. 4 fr.

Portraits (Méthode des) et des *agrandissements photographiques*, mise à la portée de tout le monde, par ARTH. CHEVALIER. 1 vol. grand in-8. 1 fr. 50

Recherches sur la coloration des bois, et Étude sur le bois d'amarante, par ARNAUDON. Br. in-8 (*Extraite du Technologiste*). 1 fr. 25

Sculpteur parisien (Album du), par GUILMARD. 1 vol. grand in-4 de 30 planches. Fig. noires. 12 fr.

Tapissier parisien (Album du), par GUILMARD. 1 vol. grand in-8 de 24 planches. En noir, 6 fr. ; en couleur. 10 fr.

Tourneur (Supplément à tous les ouvrages sur l'art du). Orné de planches. In-4. 5 fr.

Traité complet de la Filature du chanvre et du lin, par MM. Coquelin et Decoster. 1 gros vol. avec un bel Atlas in-folio, renfermant 37 planches gravées avec beaucoup de soin. 20 fr.

— **du Chauffage au Gaz,** par Ch. Hugueny. Br. in-8 (*Extraite du Technologiste*). 1 fr. 50

— **de Chimie appliquée aux arts et métiers,** et principalement à la fabrication des acides sulfurique, nitrique, muriatique, ou hydrochlorique; de la soude, de l'ammoniaque, du cinabre, minium, céruse, alun, couperose, vitriol, verdet bleu de cobalt, bleu de Prusse, jaune de chrome, jaune de Naples, stéarine et autres produits chimiques; des eaux minérales, de l'éther, du sublimé, du kermès, de la morphine, de la quinine et autres préparations pharmaceutiques; du sel, de l'acier, du ferblanc, de la poudre fulminante, etc., etc., par M. J.-J. Guilloud, professeur. 2 forts vol. in-12, avec planches. 10 fr.

— **de Dorure et Argenture galvaniques** appliquées à l'horlogerie, in-8, par Olivier Mathey. (*Extrait du Technologiste*). 1 fr. 25

— **de la Comptabilité du Menuisier,** applicable à tous les états de la bâtisse, par D. Clousier. 1 vol. in-8. 2 fr. 50

— **de la Coupe des Pierres,** ou Méthode facile et abrégée pour se perfectionner dans cette science, par J.-B. De la Rue. 3e édition, revue et corrigée par M. Ramée, architecte. 1 vol. in-8 de texte, avec un Atlas de 98 planches in-folio. 20 fr.

— **des Échafaudages,** ou Choix des meilleurs modèles de charpentes, par J.-Ch. Krafft. 1 vol. in-fol. relié, renfermant 51 planches très-bien gravées. 25 fr.

— **des Manipulations électro-chimiques,** appliquées aux arts et à l'industrie, par M. Brandely, ingénieur civil. In-8 orné de 6 planches. 5 fr.

— **des moyens de reconnaître les Falsifications** des Drogues simples et composées, et d'en constater le degré de pureté, par Bussy et Boutron-Charlard. In-8. 3 fr. 50

— **de la Poudre la plus convenable aux armes à piston,** par Vergnaud aîné. In-8. 75 c.

— **des Parafoudres et des Paragrêles** en cordes de paille, 3e suppl., par Lapostole. In-8. 1 fr. 50

Traité élémentaire de la Filature du Coton, par M. OGER, directeur de filature, et SALADIN. 1 vol. in-8 et Atlas. 18 fr.

— **élémentaire du Parage et du Tissage mécanique du coton,** par L. BEDEL et E. BOURCART. In-8, fig. 7 fr. 50

— **de la fabrication des Tissus,** par FALCOT, 2 vol. in-4 de texte, plus un Atlas orné de beaucoup de planches. 42 fr.

— **sur la nouvelle découverte du levier-volute** *dit* **levier-Vinet.** In-18. 1 fr. 50

Transmissions à grandes vitesses. — *Paliers-graisseurs* de M. De Coster, par BENOIT-DUPORTAIL. In-8. (*Extrait du Technologiste*). 75 c.

Vignole du Charpentier. 1re partie, ART DU TRAIT, contenant l'application de cet art aux principales constructions en usage dans le bâtiment, par M. MICHEL, maître charpentier, et M. BOUTEREAU, professeur de géométrie appliquée aux arts. 1 vol. in-8, avec Atlas in-4 renfermant 72 planches gravées sur acier. 20 fr.

OUVRAGES CLASSIQUES ET D'ÉDUCATION.

OUVRAGES DE MM. NOEL ET CHAPSAL.

Abrégé de la Grammaire Française, par MM. Noel et Chapsal. 1 vol. in-12. 90 c.

Exercices élémentaires, adaptés à l'abrégé de la Grammaire française de MM. Noel et Chapsal. 1 fr.

Grammaire française (Nouvelle) sur un plan très-méthodique, par MM. Noel et Chapsal. 3 vol. in-12 qui se vendent séparément, savoir :

— La Grammaire. 1 vol. 1 fr. 50
— Les Exercices. (*Première année.*) 1 vol. 1 fr. 50
— Le Corrigé des exercices. 2 fr.

Exercices français supplémentaires, sur les difficultés qu'offre la syntaxe, par M. Chapsal. (*Seconde année.*) 1 fr. 50

Corrigé des exercices supplémentaires. 2 fr.

Leçons d'analyse grammaticale, par MM. Noel et Chapsal. 1 vol. in-12. 1 fr. 80

Leçons d'analyse logique, par MM. Noel et Chapsal. 1 vol. in-12. 1 fr. 80

Traité (Nouveau) des participes, suivi de dictées progressives, par MM. Noel et Chapsal. 3 vol. in-12 qui se vendent séparément, savoir :

— Théorie des Participes. 1 vol. 2 fr.
— Exercices sur les Participes. 1 vol. 2 fr.
— Corrigé des exercices sur les Participes. 1 vol. 2 fr.

Syntaxe française, par M. Chapsal, à l'usage des classes supérieures. 1 vol. 2 fr. 75

Cours de Mythologie. 1 vol. in-12 2 fr.

Dictionnaire (Nouveau) de la langue française. 1 vol. in-8, grand papier. 8 fr.
— Cartonné en toile, 8 fr. 75 ; — relié en basane, 9 fr. 50

OUVRAGES DE MM. NOEL, FELLENS, PLANCHE ET CARPENTIER.

Grammaire latine (Nouvelle) sur un plan très-méthodique, par M. Noel, inspecteur-général de l'Université, et M. Fellens. Ouvrage adopté par l'Université. 1 fr. 80

Exercices (latins-français) par les mêmes. 1 fr. 80

Cours de thèmes pour les sixième, cinquième, quatrième, troisième et seconde classes, à l'usage des colléges, par M. Planche, professeur de rhétorique au collège royal de Bourbon, et M. Carpentier. *Ouvrage recommandé pour les colléges par le Conseil de l'Université.* 2e édition, entièrement refondue et augmentée. 5 vol. in-12. 10 fr.

Avec les corrigés à l'usage des maîtres. 10 vol. 22 fr. 50

On vend séparément les volumes de chaque classe, ainsi que les corrigés correspondants :

Les thèmes, 2 fr.; les corrigés, 2 fr. 50.

Cours de thèmes pour la 7e et la 8e, par MM. Noel et Fellens. 1 vol. in-12. 1 fr. 50

Corrigés pour les 7e et 8e. 1 fr. 50

Grammaire française (Nouveaux éléments de la), par M. Fellens. 1 vol. in-12. 1 fr. 25

OUVRAGES DE M. MORIN.

Géographie élémentaire ancienne et moderne, précédée d'un Abrégé d'astronomie. In-12, cart. 1 fr. 80

Œuvres de Virgile, traduction nouvelle, avec le texte en regard et des remarques. 3 vol. in-12. 4 fr.

Bucoliques et Géorgiques. 1 vol. in-12. (*Séparément.*) 1 fr. 50

Énéide. 2 vol. in-12. (*Séparément.*) 3 fr.

Principes raisonnés de la langue française, à l'usage des colléges. Nouv. éd. In-12. 1 fr. 20

— **de la langue latine**, suivant la méthode de Port-Royal, à l'usage des colléges. 1 vol. in-12. 1 fr. 25

Nouveau syllabaire, ou Principes de lecture. Ouvrage adopté par l'Université, à l'usage des écoles primaires. 50 c.

Tableaux de lecture destinés à l'enseignement mutuel et simultané. 50 feuilles. 3 fr.

OUVRAGES CLASSIQUES DIVERS.

Abrégé chronologique de l'Histoire de France, depuis les temps les plus anciens jusqu'à nos jours, par H. Engelhard, in-18, broché. 75 c.

Le même ouvrage, cartonné. 90 c.

Abrégé de la Grammaire allemande, pour les élèves des 5e et 4e classes des colléges de France, par M. Marcus. In-12, broché. 1 fr. 50

Abrégé de la Grammaire latine, ou Méthode brévidoctive de prompt enseignement, par B. Jullien. 1 vol. in-12. 2 fr.

Abrégé de la Grammaire de Wailly. In-12. 75 c.

Abrégé de l'Histoire Sainte, avec des preuves de la religion, par demandes et par réponses, in-12. 60 c.

Abrégé d'Histoire universelle, par M. Bourgon, professeur de l'Académie de Besançon.

Première partie, comprenant l'histoire des Juifs, des Assyriens, des Perses, des Egyptiens et des Grecs, jusqu'à la mort d'Alexandre-le-Grand, avec des tableaux de synchronismes. 2e édition. 1 vol in-12. 2 fr.

— *Deuxième partie,* comprenant l'histoire des Romains, depuis la fondation de Rome, et celle de tous les peuples principaux, depuis la mort d'Alexandre-le-Grand jusqu'à l'avènement d'Auguste à l'empire. 1 vol. in-12. 3 fr. 50

— *Troisième partie,* comprenant un Abrégé de l'Histoirede l'Empire romain, depuis sa fondation jusqu'à la prise de Constantinople. 1 vol. in-12. 2 fr. 50

— *Quatrième partie,* comprenant l'histoire des Gaulois, les Gallo-Romains, les Francs et les Français jusqu'à nos jours, avec des tableaux de synchronismes. 2 vol. in-12. 6 fr.

Abrégé du Cours de littérature de De La Harpe, publié par René Périn. 2 vol. in-12. 3 fr.

Algèbre élémentaire, Théorique et Pratique, par M. Jouanno. 1 vol. in-8. 3 fr. 50

Alphabet instructif pour apprendre facilement à lire à la jeunesse. 1 vol. in-8. Chaque exemplaire. 20 c.

La douzaine. 1 fr. 80

Animaux (Les) célèbres, anecdotes historiques

sur les traits d'intelligence, d'adresse, de courage, de bonté, d'attachement, de reconnaissance, etc., des animaux de toute espèce, ornés de gravures, par A. ANTOINE. 2 vol. in-12. 2e édition. 3 fr.

Aquarelle (L'), ou les Fleurs peintes d'après la méthode de M. REDOUTÉ, par M. PASCAL, contenant des notions de botanique à l'usage des personnes qui peignent les fleurs, le dessin et la peinture d'après les modèles et la nature. In-4 orné de planches noires et coloriées. 4 fr. 50

Aquarelle-miniature perfectionnée, reflets métalliques et chatoyants, et peinture à l'huile sur velours, par M. SAINT-VICTOR. 1 vol. grand in-8, orné de 15 planches, dont 7 peintes à la main. 12 fr.

Aquarelle-miniature, Collection unique de 16 sujets peints à la main par le chevalier BEAUVALET DE SAINT-VICTOR, 8 livr. in-4, avec texte explicatif. 30 fr.

Arithmétique des demoiselles, ou Cours élémentaire d'arithmétique en 12 leçons, par M. VANTENAC. In-12. 2 fr. 50

Cahier de questions pour le même ouvrage. 50 c.

Arithmétique des écoles primaires, en 22 leçons, par L.-J. GEORGE. In-8. 1 fr.

Art de broder, ou Recueil de modèles coloriés, à l'usage des demoiselles, par AUG. LEGRAND. 1 vol. obl. 3 fr. 50

Art de lever les plans, et Nouveau traité d'arpentage et de nivellement, par MASTAING. 1 vol. in-12. 4 fr.

Astronomie des demoiselles, ou Entretiens entre un frère et sa sœur, sur la mécanique céleste, par JAMES FERGUSSON et M. QUÉTRIN. 1 vol. in-12. 3 fr. 50

Astronomie illustrée, par ASA SMITH, revue par WAGNER, WUST et SARRUS. In-4 cartonné. 6 fr.

Atlas (Nouvel) national de la France, par départements, divisés en arrondissements et cantons, avec le tracé des routes impériales et départementales, des canaux, rivières, cours d'eau navigables, des chemins de fer construits et projetés, etc., dressé à l'échelle de 11,350,000, par CHARLES, géographe, avec des augmentations, par DARMET, chargé des travaux topographiques au ministère des affaires étrangères. In-folio, grand-raisin des Vosges.

Le *Nouvel atlas national* se compose de 80 planches (à cause de l'uniformité des échelles; sept feuilles contiennent deux départements).

Chaque carte séparée, en noir, 40 c.; en couleur, 60 c.

Beaux traits du jeune âge, par Fréville, 1 vol. in-12. 3 fr.

Chimie élémentaire, inorganique et organique, à l'usage des Ecoles et des Gens du monde, par E. Burnouf. 1 gros vol. in-12. 3 fr.

Choix (Nouveau) d'anecdotes anciennes et modernes, tirées des meilleurs auteurs, contenant les faits les plus intéressants de l'histoire en général; les exploits des héros, traits d'esprit, saillies ingénieuses, bons mots, etc., etc. 5e édition, par madame Celnart. 4 vol. in-18, ornés de jolies vignettes. (*Même ouvrage que le* Manuel anecdotique. *Voyez* page 6.) 7 fr.

Ciceronis (M. T.) orator. Nova editio, ad usum scholarum. Tulli-Leucorum, in-18. 75 c.

Compositions mathématiques, ou Problèmes géométriques et trigonométriques, à l'usage des écoles. In-8, par Escoubès. 2 fr. 25

Cours de thêmes, pour l'enseignement de la traduction du français en allemand dans les collèges de France, renfermant un Guide de conversation, un Guide de correspondance, et des Thêmes pour les élèves des classes élémentaires supérieures, par M. Marcus. 1 vol. in-12 broché. 4 fr.

Cours élémentaire d'Arpentage, à l'usage des écoles primaires, des collèges et des pensions, par M. Millot. 1 vol. in-12. 1 fr. 80

Dialogues anglais, ou Eléments de la Conversation anglaise, par Perrin. In-12. 1 fr. 25

Dialogues Moraux, Instructifs et Amusants, à l'usage de la jeunesse chrétienne. 1 vol. in-18. 1 fr.

Dictionnaire (Nouveau) de poche français-anglais et anglais-français, par Nugent; revu par L.-F. Fain. 2 vol. in-12 carré. 3 fr.

Éducation (De l') des Jeunes personnes, ou Indication de quelques améliorations importantes à introduire dans les pensionnats, par Mlle Faure. In-12. 1 fr. 50

Éléments (Premiers) d'arithmétique, suivis d'exemples raisonnés en forme d'anecdotes, à l'usage de la jeunesse, par un membre de l'Université. In-12. 1 fr. 50

Éléments de Grammaire hébraïque, par Hyman, in-8. Cartonné. (Edition allemande.) 6 fr. 50

Le même ouvrage, in-8. Cart. (Edit. française.) 4 fr. 50

Éléonore de Fioretti, ou Malheurs d'une jeune Romaine sous le pontificat de ***. 2 vol. in-12. 3 fr.

Enseignement (L'), par MM. BERNARD-JULLIEN, docteur ès-lettres, licencié ès-sciences, et C. HIPPEAU, docteur ès-lettres, bachelier ès-sciences. Un gros vol. in-8 de 500 pages. 6 fr.

Essais de Géométrie appliquée, par P. LEPELLETIER. In-8. 4 fr.

Essai d'unité linguistique, par BOUZERAN. In-8. 1 fr. 50

Essai sur l'analogie des langues, par HENNEQUIN. 1 vol. in-8. 3 fr. 50

Essai sur la Grammaire du langage naturel des signes, à l'usage des Instituteurs de sourds-muets, avec planches et figures, par RÉMI-VALADE. In-8. 2 fr.

Etrennes de l'Enfance, petites lectures illustrées, à l'usage des Ecoles de Sourds-Muets et des Salles d'Asile, par M. VALADE GABEL. 1 vol. 1 fr. 80

Études analytiques sur les diverses acceptions des mots français, par Mlle FAURE. 1 vol. in-12. 2 fr. 50

Études littéraires, par A. HENNEQUIN. 1re *partie*, Grammaire et Logique. 1 vol. in-12. 2 fr.

2e *partie*, Rhétorique et poésie. (*Sous presse.*)

Exercices de Grammaire allemande, (thèmes et versions, par STOEBER, in-12. Cartonné. 75 c.

Exercices sur l'orthographe et la syntaxe, calqués sur toutes les règles de la grammaire classique, par VILLEROY. In-12. 1 fr. 25

Exposé élémentaire de la théorie des intégrales définies, par A. MEYER, professeur à l'Université de Liége. 1 vol. in-8. 10 fr.

(Publié dans les *Mémoires de la Société royale des Sciences de Liége*).

Fables de Fenélon. Edit. de Clermont. In-18. 50 c.

Fables de Lessing, adaptées à l'étude de la langue allemande dans les cinquième et quatrième classes des colléges de France, moyennant un Vocabulaire allemand-français, une Liste des formes irrégulières, l'indication de la construction, et les règles principales de la succession des mots, par MARCUS. 1 vol. in-12. 2 fr. 50

Géographie ancienne des états barbaresques, d'après l'allemand de MANNERT, par MM. MARCUS et DUESBERG. In-8. 10 fr.

Géographie classique, suivie d'un Dictionnaire explicatif des lieux principaux de la géographie ancienne, par VILLEROY. In-12. 1 fr. 25

Géographie des écoles, par M. HUOT, continuateur de la Géographie de MALTE-BRUN et GUIBAL, ancien élève de l'Ecole polytechnique. 1 gros volume in-12, avec Atlas in-4. 1 fr. 50

Géométrie perspective, avec ses applications à la recherche des ombres, par G.-H. DUFOUR, colonel du génie. In-8, avec un Atlas de 22 planches in-4. 4 fr.

Grammaire complète de la langue allemande, pour les élèves des classes supérieures des colléges de France, renfermant, *de plus que les autres grammaires*, un Traité complet de la succession des mots; un autre sur l'influence qu'elle a exercée sur l'emploi de l'indicatif, du subjonctif, de l'infinitif et des participes; un Vocabulaire français-allemand des conjonctions et des locutions conjonctives, par MARCUS. 1 vol. in-12, broché. 3 fr. 50

Grammaire française à l'usage des pensionnats de demoiselles, par Mme ROULLEAUX. In-12. 60 c.

Grammaire (Nouvelle) italienne, méthodique et raisonnée, par le comte DE FRANCOLINI. In-8. 7 fr. 50

Grammaire polyglotte, ou tableaux synoptiques comparés des langues française, allemande, anglaise, italienne, espagnole et hebraïque, par JOST. 1 vol. in-8. 5 fr.

Guide (Nouveau) des Mères de famille, ou Education physique, morale et intellectuelle de l'Enfance jusqu'à la 7e année, par le docteur MAIRE. In-8. 6 fr.

Histoire de la Sainte Bible, contenant le vieux et le nouveau Testament, par DE ROYAUMONT. Le Mans. 1 vol. in-12. 1 fr.

Imitation de Jésus-Christ, avec une Pratique et une Prière à la fin de chaque Chapitre; trad. par le P. GONNELIEU. 1 vol. in-18. 1 fr. 75

Jardin (Le) des racines grecques, recueillies par LANCELOT, et mises en vers par LE MAISTRE DE SACY, par C. BOBET. In-8. 5 fr.

Justini historiarum, ex Trogo Pompeio, libri XLIV. Accedunt excerptiones chronologicæ ad usum scholarum. Tulli-Leucorum. In 18. 1 fr. 50

Leçons élémentaires de Philosophie, destinées aux élèves de l'Université de France qui aspirent au grade de bachelier ès-lettres, par J.-S. FLOTTE. 5e édit., 3 vol. in-12. 4 fr.

Levées (Des) à vue, et du Dessin d'après nature, par M. LEBLANC. In-18, figures. 25 c.

Manuel des Instituteurs et des Inspecteurs d'écoles primaires, par ***. In-12. 2 fr. 50

Méthode américaine de Carstairs, ou l'Art d'écrire en peu de leçons par des moyens prompts et faciles. 1 Atlas in-8 oblong. 1 fr.

(*Même ouvrage que le* Manuel de Calligraphie. *V.* page 9.)

Méthode nouvelle pour le calcul des intérêts à tous les Taux, par PIJON. In-18. 1 fr. 50

Extrait du Manuel du Commerce, Banque et Change. *Voyez* page 11.

Méthode pour enseigner aux sourds-muets la langue française sans l'intermédiaire du langage des signes, à la portée des instituteurs, par M. VALADE-GABEL. 1 vol. grand in-8. 6 fr.

Miniature (Lettres sur la), par MANSION. 1 vol. in-12, avec figures. 4 fr.

Modèles de l'enfance, par l'abbé Th. PERRIN. 1 vol. in-32. 50 c.

Morale de l'enfance, ou Quatrains moraux à la portée des Enfants, et rangés par ordre méthodique, par M. le vicomte de MOREL-VINDÉ, pair de France et membre de l'Institut de France. 1 vol. in-18. (Adopté par la Société élémentaire, la Société des méthodes, etc.) 1 fr.

Le même, texte latin, trad. par M. VICTOR LECLERC. 1 vol. in-16. 1 fr.

Le même, latin-français en regard. 1 vol. in-16. 2 fr.

Morale (la) en Action, Choix de faits mémorables et d'Anecdotes instructives. 1 vol. in-12. 2 fr.

Notice sur la projection des Cartes géographiques, par E.-A. LEYMONNERIE. In-18, fig. 1 fr. 50

Parfait modèle (le), 1 vol. in-18. 1 fr.

Pensées et maximes de Fenélon. 2 vol. in-18, portrait. 3 fr.

— de J.-J. Rousseau. 2 vol. in-18, portrait. 3 fr.

— de Voltaire. 2 vol. in-18, portrait. 3 fr.

Principes de littérature, mis en harmonie avec la morale chrétienne, par J.-B. PÉRENNES. In-8. 5 fr.

Principes de ponctuation, fondés sur la nature du langage écrit, par M. FREY. (*Ouvrage approuvé par l'Université.*) 1 vol. in-12. 1 fr. 50

Principes généraux et raisonnés de la Grammaire française, par DE RESTAUT. In-12. 1 fr. 25

Résumé des principes de rhétorique, par DE BEOCKHAUSEN. In-18. 75 c.

Rhétorique française, composée pour l'instruction de la jeunesse, par M. DOMAIRON. In-12. 3 fr.

Science des conjugaisons françaises, par J. Rémy. 5e édition. 1 vol. in-12. 2 fr.

Science (La) enseignée par les jeux. Voyez *Manuel des Jeux*. 2 vol. in-18, page 18.

Selectæ e novo testamento historiæ ex Erasmo desumptæ. Tulli-Leucorum. In-18. 1 fr. 40

Tables synchronistiques de l'histoire universelle, ancienne et moderne, par Lamp et Engelhard. 1 vol. in-4, cartonné. 5 fr.

The elements of english conversation, by J. Perrin, in-12. 1 fr. 75

Traité d'arpentage et de nivellement, par Pouillet-Ducatez. 1 vol. in-8. 8 fr.

— **d'Équitation** sur des bases géométriques, par A.-C.-M. Parisot. 1 vol. in-8, contenant 74 fig. 10 fr.

— **de Géodésie pratique,** par Gorin. 1 vol. in-8. 2 fr. 50

Usage de la règle logarithmique, ou Règle-calcul. In-18. 25 c.

Véritable perfection du tricotage, br. in-12, par Gazybowska. 1 fr.

Voyages de Gulliver. 4 vol. in-18, fig. 2 fr.

OUVRAGES DIVERS.

Abus (Des) en Matière ecclésiastique, par M. Boyard. 1 vol. in-8. 2 fr. 50

Almanach encyclopédique, récréatif et populaire, pour 1863. 1 vol. in-16, grand-raisin, orné de jolies gravures. 50 c.

Les années 1840 à 1863 se vendent chacune 50 c.

Art de conserver et d'augmenter la beauté, corriger et déguiser les imperfections de la nature, par Lami. 2 vol. in-18, ornés de gravures. 3 fr.

Boucherie (Tableau figuratif des diverses *catégories* de la), in-plano, col. 75 c.

Carte topographique de l'île Ste-Hélène, In-plano. 1 fr. 50

Clef (La) du droit pratique et de la rédaction des ventes et des baux, par M. J. Morin. 1 vol. in-12. 2 fr. 50

Cordon bleu (Le), Nouvelle cuisinière bourgeoise, rédigée et mise par ordre alphabétique, par Mlle Marguerite. 13e édition, augmentée de nouveaux menus appropriés aux diverses saisons de l'année, d'un ordre pour les services, de l'art de découper et de servir à table, d'un traité sur les vins et des soins à donner à la cave, etc., ornée d'un grand nombre de vignettes intercalées dans le texte. 1 vol. in-18 de 250 pages, gros caractères. 1 fr.

Curé (Le) instruit par l'expérience, ou Vingt ans de Ministère dans une paroisse de campagne, par l'abbé Aguettand. 2 vol. in-12. 5 fr.

Histoire des légions polonaises en Italie, sous le commandement du général Dombrowski, par Léonard Chodzko. 2 vol. in-8. 17 fr.

Histoire générale de Pologne, d'après les historiens polonais Naruszewicz, Albertrandy, Czacki, Lelewel, Bandtkie, Niemcewicz, Zielinski, Kollontay, Oginski, Chodzko, Podzaszynski, Mochnacki, et autres écrivains nationaux. 2 vol. in-8. 7 fr.

Le Livre utile à tout le monde, Tarifs d'une application facile : au calcul des eaux-de-vie, jusqu'à 300 fr. l'hectolitre; au calcul des intérêts, depuis 1 jusqu'à 366; au cubage des bois équarris et en grume; au métrage ou toisé; par F. BOUCHAUD-PRACEIQ. 1 vol. grand in-8. 3 fr. 50

Manuel de bibliographie universelle, par MM. F. DENIS, PINÇON et DE MARTONNE. 1 vol. grand in-8 à 3 colonnes, papier collé pour recevoir des notes. 25 fr.

— LE MÊME OUVRAGE, 3 vol. in-18. (*V.* page 8.) 20 fr.

— **des Arbitres,** ou Traité des principales connaissances nécessaires pour instruire et juger les affaires soumises aux décisions arbitrales, soit en matières civiles ou commerciales; contenant les principes, les lois nouvelles, les décisions intervenues depuis la publication de nos Codes, et les formules qui concernent l'arbitrage, etc., par M. GH., ancien jurisconsulte. 1 vol. in-8. 8 fr.

— **des Assurances,** ou Guide pratique des Assureurs et des Assurés, avec l'exposition méthodique de leurs obligations et de leurs droits respectifs, par M. EM. AGNEL. 1 vol. in-12 de 420 pages. 4 fr. 50

— **des Docks, Warrants,** Ventes publiques, Comptes-courants, Chèques et virements, par M. A. SAUZEAU. 1 vol. in-18, raisin. 3 fr.

— **des Experts,** ou Traité des matières civiles, commerciales et administratives, donnant lieu à des expertises. 7e édition, par M. CH. VASSEROT, avocat à la Cour Impériale de Paris. 1 vol. in-8. 6 fr.

— **des Justices de paix,** ou Traité des fonctions et des attributions des Juges de paix, des Greffiers et Huissiers attachés à leur tribunal, avec des formules et des modèles de tous les actes qui dépendent de leur ministère, etc., par M. LEVASSEUR, ancien jurisconsulte, et M. BIRET. 1 gros vol. in-8. 6 fr.

— LE MÊME OUVRAGE, 1 vol. in-18. (*V.* page 19.) 3 fr. 50

— **des Maires,** Adjoints, Préfets, Conseillers de préfecture, généraux et municipaux, Juges de paix, Commissaires de police, Prêtres, Instituteurs, Pères de famille, etc., par M. BOYARD, ancien président à la Cour impériale de Paris, et M. VASSEROT, adjoint au maire de la ville de Poissy. 4e édition, 1861, 2 vol. in-8. 12 fr.

— *Extrait de cet ouvrage,* LE GUIDE DES MAIRES OU MANUEL DES OFFICIERS MUNICIPAUX, *par les mêmes auteurs.* 5e édition, 1861, 1 vol. in-18 de plus de 600 pages. (*Voy.* page 19.) 3 fr. 50

Manuel des Nourrices, par madame El. Celnart. 1 vol. in-18. 1 fr. 50

— **des Sociétés de secours mutuels.** Broch. in-12. 50 c.

— **du Négociant,** dans ses rapports avec la douane, par M. Bauzon-Magnier, 1 vol. in-12. 4 fr.

— **du Système métrique,** ou Livre de réduction de toutes les mesures et monnaies des quatre parties du monde, par P.-L. Lionet. 1 vol. in-8. 5 fr.

Mémoires du comte de Grammont, par Hamilton. 2 vol. in-32. 2 fr.

Mémoires récréatifs, scientifiques et anecdotiques du physicien-aéronaute Robertson. 2 vol. in-8 ornés de vignettes. 12 fr.

Mémoire sur la guerre de 1809 en Allemagne, avec les opérations particulières des corps d'Italie, de Pologne, de Saxe, de Naples et de Walcheren, par le général Pelet, d'après son journal fort détaillé de la campagne d'Allemagne, ses reconnaissances et ses divers travaux; la correspondance de Napoléon avec le major-général, les maréchaux, etc. 4 vol. in-8. 28 fr.

Ministre (Le) de Wakefield, traduit en français par M. Aignan, de l'Académie française. 1 vol. in-12, avec figures. 1 fr.

Recueil de recettes et de preparations chimiques d'objets d'un usage journalier. Br. in-18. 75 c.

Recueil général et raisonné de la Jurisprudence et des attributions des *Justices de paix* en toutes matières, civiles, criminelles, de police, de commerce, d'octroi, de douanes, de brevets d'invention, contentieuses et non contentieuses, etc., par M. Biret. 4e édition, 2 vol. in-8. 14 fr.

Récréations (Nouvelles) physiques et mathématiques, par Guyot. 4 vol. in-8 reliés. 10 fr.

Roman comique, par Scarron, nouv. édition revue et augmentée. 4 vol. in-12. 3 fr.

Sermons du père Lenfant, prédicateur du roi Louis XVI. 8 gros vol. in-12, avec portrait. 2e édit. 20 fr.

Tarif des prix comparatifs des anciennes et nouvelles mesures, suivi d'un abrégé de Géométrie graphique élémentaire, par Rousseaux. 1 vol. in-12. 2 fr. 50

Tenue des Livres (Nouv. méthode de), par Nicol. Br. in-8. 75 c.

Traité pratique des nouvelles mesures, par Lancelot. 1 vol. in-8. 4 fr.

Voyage médical autour du monde, exécuté sur la corvette du roi *la Coquille*, commandée par le capitaine Duperrey, pendant les années 1822, 1823, 1824 et 1825, suivi d'un Mémoire sur les Races humaines répandues dans l'Océanie, la Malaisie et l'Australie, par M. Lesson. 1 vol. in-8. 4 fr. 50

Voyage de découverte autour du monde, et à la recherche de La Pérouse, par M. J. Dumont D'Urville, capitaine de vaisseau, exécuté sous son commandement et par ordre du gouvernement, sur la corvette l'Astrolabe, pendant les années 1826 à 1829. 5 gros vol. in-8, ornés de vignettes sur bois, dessinées par MM. De Sainson et Tony Johannot, gravées par Porret, avec un Atlas contenant 20 planches ou cartes grand in-fol. 60 fr.

Cet important ouvrage, *qui a été exécuté par ordre du gouvernement sous le commandement de M. Dumont D'Urville et rédigé par lui, n'a rien de commun avec le voyage pittoresque publié sous sa direction.*

AVIS.

Cette Librairie, entièrement consacrée aux Sciences et à l'Industrie, fournira aux amateurs tous les ouvrages anciens et modernes en ce genre, publiés en France, et fera venir de l'Etranger tous ceux que l'on pourrait désirer.

Les personnes qui auraient quelque chose à faire parvenir dans l'intérêt des sciences et des arts, soit pour la *Collection des Manuels-Roret*, soit pour la rédaction du *Technologiste*, etc., sont priées de l'envoyer *franco* à l'adresse de M. Roret, rue Hautefeuille, 12, à Paris.

BAR-SUR-SEINE. — IMP. SAILLARD.

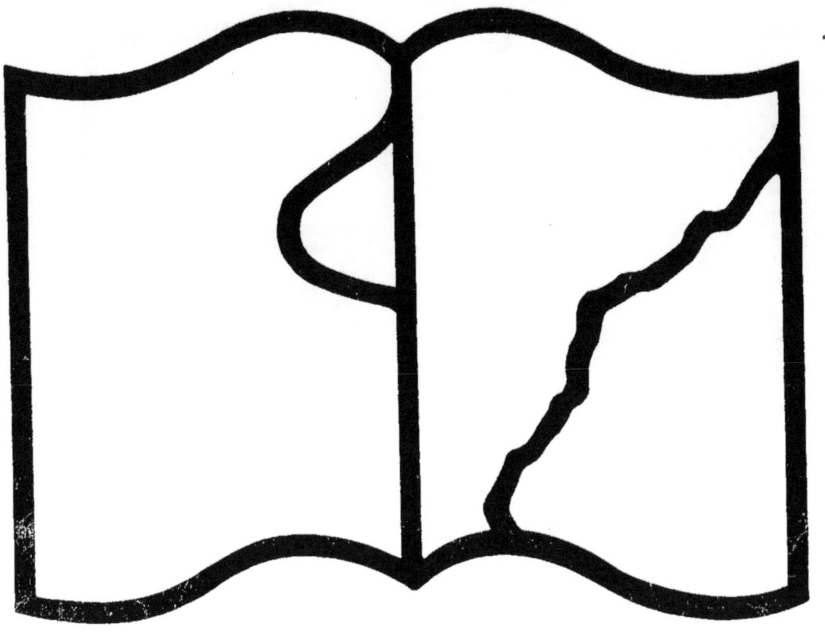

Texte détérioré — reliure défectueuse

NF Z 43-120-11

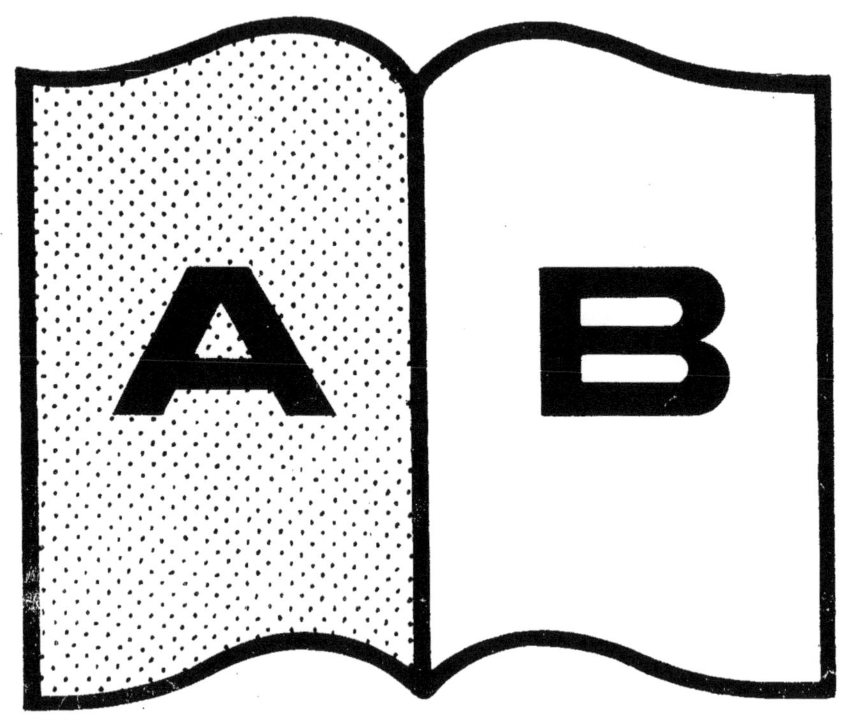
A
B

www.ingramcontent.com/pod-product-compliance
Ingram Content Group UK Ltd.
Pitfield, Milton Keynes, MK11 3LW, UK
UKHW012036240726
13965UKWH00003B/842

9 782013 589246